学生创新能力培养实战系列

Scratch 趣味编程

仲照东　马金平　余才干　钟剑龙　编著

电子工业出版社·
Publishing House of Electronics Industry
北京·BEIJING

内 容 简 介

Scratch 软件是美国麻省理工学院（MIT）开发的一款图形化编程软件，运用该软件可以创作动画、游戏、音乐和艺术等互动游戏。

本书设计了 23 个小任务，通过一个个具体任务的完成过程来介绍 Scratch 软件及硬件的应用，通过创作趣味游戏来学习制作电脑游戏、动画、音乐等知识。游戏创作过程是培养学习者创新能力的最佳途径。全书强调"玩中学"，在"玩"的过程中强化学习者的思维训练及解决问题能力，最终展现其创造力。本书所有任务实现的软件平台为 Scratch 1.4，硬件平台为深圳奥特森科技有限公司的网络互动媒体——传感器板。

本书适合中小学科技活动、信息技术等课程的教学及教学参考用书，也适合希望学习 Scratch 软硬件、研究图形化编程的发烧友作为参考书。

未经许可，不得以任何方式复制或抄袭本书之部分或全部内容。

版权所有，侵权必究。

图书在版编目（CIP）数据

Scratch 趣味编程/仲照东等编著 . —北京：电子工业出版社，2013.9
（学生创新能力培养实战系列）
ISBN 978-7-121-21374-8

Ⅰ.①S… Ⅱ.①仲… Ⅲ.①程序设计 Ⅳ.①TP311.1

中国版本图书馆 CIP 数据核字（2013）第 209133 号

策划编辑：朱怀永
责任编辑：朱怀永
印　　刷：北京虎彩文化传播有限公司
装　　订：北京虎彩文化传播有限公司
出版发行：电子工业出版社
　　　　　北京市海淀区万寿路 173 信箱　邮编 100036
开　　本：787×1092　1/16　印张：8.25　字数：211 千字
版　　次：2013 年 9 月第 1 版
印　　次：2023 年 8 月第 5 次印刷
定　　价：38.60 元

凡所购买电子工业出版社图书有缺损问题，请向购买书店调换。若书店售缺，请与本社发行部联系，联系及邮购电话：(010) 88254888。

质量投诉请发邮件至 zlts@phei.com.cn，盗版侵权举报请发邮件至 dbqq@phei.com.cn。

服务热线：(010) 88258888。

前言

Scratch 软件编程采用类似乐高积木的拼搭方法，用户可尝试各种控制逻辑，对图片、声音和场景等组合出无穷的创造空间。

中国台湾地区、香港特别行政区，以及世界其他语言区都非常重视 Scratch 软件在中小学教育中的应用，他们把 Scratch 教学引入课堂，每年组织中小学生的 Scratch 竞赛，推动了这些地区的学生创新教育发展。

"创新是一个民族的灵魂"，我国各级教育部门一直在探索如何通过课程改革来培养学生的创造力，更新信息技术、通用技术等课程的教学内容及教学方式是这种探索的主要体现。国内一些地区的中小学信息化课已将 Scratch 软件作为教学主线，有的省市已将 Scratch 软件写入课标，更多的城市或地区正在尝试将 Scratch 课程设为自己地区的特色课程。

本书最大特点是，基于 Scratch 软硬件，设计了 23 个任务，每个任务都是一种游戏。通过一个个任务的实现过程来介绍相关的知识和技巧，强调"玩中学"，在"玩"的过程中让读者体验相关的趣味性和知识点。读者通过一个个任务的学习和自己的创作体验，在"玩"一样轻松的氛围中学会 Scratch，提高读者的创新意识和创新能力。本书采用全范例教学引导，每个任务都介绍了较为详细的操作步骤，不过，本书提供的任务实现方案仅作为参考，读者在学习的过程中，可以自我创新。Scratch 软硬件仅仅是一个学习工具，通过该工具表达读者的创造性设计方案是学习的主要目的。

本书案例的软件平台为 Scratch1.4，硬件平台为深圳奥特森科技有限公司的网络互动媒体——传感器板。

本书仲照东负责任务的设计和统稿，马金平负责案例规划和材料规整，余才干负责传感器实验，钟剑龙负责程序优化。

学习者完成的作品可直接发布到 MIT 官网（http：//scratch. mit. edu/）上；国内也开设有类似的公益网站（http：//www. scratchchina. com/）。在网站上学习者可以与世界各地的无数爱好者共享，官方网站具有交友和评论的功能。

由于 Scratch 在国内推广时间不长，笔者研究的深度有限，作为 Scratch 教学和研究的入门篇，仅起一个"抛砖引玉"的作用，错误和不妥之处在所难免，敬请学界同仁和广大读者批评指正。

作者

2013 年 7 月

目录

导 语

0.1　Scratch 简介

由美国麻省理工学院（MIT）媒体实验室推出 Scratch 编程语言，是 LOGO、乐高 NXT 机器人图形编程语言的进化版本，其宗旨是"创作和分享你自己的交互故事、游戏、音乐和艺术"。由"搭积木"和"可视化"的编程特性，语言非常容易掌握，"在设计中学习"的方式，给孩子们全球最好的创意平台。

0.2　软件介绍

Scratch 软件是多语言版本，根据操作系统，会自动改成中文界面。积木模块包括 8 个大类，100 多个功能，包括了每个过程的完整程序的每个环节，甚至数组。使用者可以没有编程基础，也可以不会使用键盘。

构成 Scratch 程序的命令和参数通过积木形状模块来实现，用鼠标拖动模块到程序编辑栏即可。Scratch 软件界面如图 0-1 所示。左边是可以用来选择的功能模块；中间的黄色部分是编辑好的程序代码，即脚本区域；右边上部是程序预览和运行效果窗口，即舞台；右边下部是角色列表窗口。

下面简单介绍 Scratch 软件界面中一些工具。

1. 常用工具

⊕设定语言：修改 Scratch 软件的语言。

🖫保存作品：保存当前的作品。

📷分享这个作品：上传到 Scratch 官网，分享当前作品。

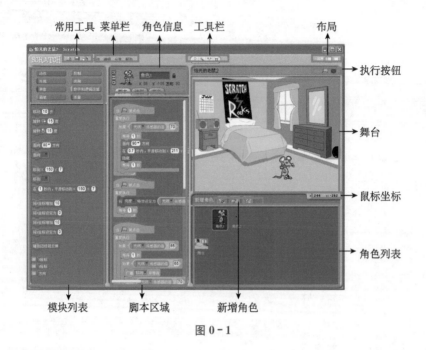

常用工具 菜单栏　角色信息　工具栏　　　　　布局　　　　　　执行按钮

舞台

鼠标坐标

角色列表

模块列表　　　脚本区域　　新增角色

图 0 - 1

2. 菜单栏

【文件】菜单中包含以下子菜单：

新建：创建一个新的作品。

打开：打开已存在的作品。

存档：保存当前的作品。

另存为：当前作品更换名称等信息保存。

导入作品：将其他作品中的角色或背景加入到当前作品。

输出角色：将当前作品的角色输出保存。

作品注解：添加当前作品的说明信息。

退出：退出软件

【编辑】菜单包含以下子菜单：

恢复：撤销上一步操作。

开始单步执行：每次执行一个模块。

设定单步执行程序：设定单步执行程序的速度。

压缩声音：压缩作品中的声音文件。

压缩图像：压缩作品中的图像文件。

显示马达模块：在模块列表中显示马达模块，配合 Scratch 传感器板使用。

【分享】菜单包含以下子菜单：

将此作品在网络上分享：上传到 Scratch 官网，分享当前作品。

去 Scratch 网站：访问 Scratch 官网。

【帮助】菜单包含以下子菜单：

帮助页面：Scratch 的帮助页面。

帮助界面：Scratch 模块的帮助界面。

关于 Scratch：显示 Scratch 的相关信息。

3. 舞台

舞台是作品中角色与角色之间或者角色与用户之间互动的场地，是显示程序运行效果的地方，如图 0-2 所示。

图 0-2

舞台用直角坐标系来表示，横向 X 轴为 480 个单位，从 -240 到 240；纵向 Y 轴为 360 个单位，从 -180 到 180，如图 0-3 所示。

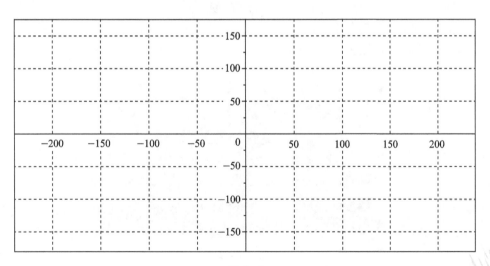

图 0-3

舞台正中央的坐标是（0，0），舞台下方实时显示鼠标当前的坐标，比如 x:138 y:58 。默认的舞台是一个空白的背景。舞台可以设定多个背景，单击角色列表中舞台的缩略图，然后单击角色信息的【多个背景】选项卡，可添加新的背景。舞台也可以添加程序和声音，舞台的背景可以用程序控制更换。

右键单击（右击）舞台区域，会出现两个命令：截取部分屏幕区域成为新角色；将舞台存为图片。

4. 布局

布局工具包含三个按钮 ▯▯▯，含义分别如下：

转换为小舞台：舞台区域缩小，程序区域增大，方便操作程序。

转换为完整舞台：默认状态，程序区域和舞台区域均适中。

在演示模式下运行程序：其他窗口隐藏，舞台全屏模式。单击舞台左上角返回键或按键盘上的 Esc 键可退出演示模式。

5. 执行按钮 ⚑ ⬤

单击 ⚑ 绿旗按钮，启动 当 ⚑ 被点击 开始的脚本。

单击 ⬤ 停止按钮，停止所有脚本。

6. 角色区域

角色是由脚本控制在舞台运动的对象（见图 0-4）。当鼠标停在某角色位置时，可显示角色名及其包含的脚本数量。左击角色后，角色外围显示蓝筐，此时该角色可被编辑。右击角色会弹出以下菜单。

显示：该角色在舞台顶层显示且可被编辑。

输出这个角色：导出角色，可供其他作品使用。

复制：创建当前角色副本。

删除：删除当前角色。

图 0-4

7. 新增角色 ✏ ☆ ☁

绘制新角色：单击按钮后启动绘图编辑器，可绘制角色。

从文件夹中选择新的角色：单击按钮后打开新增角色窗口，进入分类的文件夹后选择图片，单击【确定】按钮后，角色出现在舞台中央。

来个令人惊喜的角色吧：单击按钮后会随机新增一个角色。

8. 鼠标坐标

在作品中经常需要对角色在舞台上的移动进行定位，当鼠标移动时，舞台下方会实时显示当前鼠标的坐标。

9. 工具栏

复制：选择一个角色创建副本。

删除：删除选择的角色。

放大角色：放大角色在舞台中的比例。

缩小角色：缩小角色在舞台中的比例。

10. 模块列表

Scratch 作品中的程序由模块"拼"成，一个舞台或一个角色可以有一个甚至多个脚本。在编写脚本前，首先要选择该脚本属于的角色或者舞台。脚本的编写都是通过拖拽模块列表中的模块到脚本区域完成的。

0.3 硬件介绍

Scratch 软件是一款由个人编写程序控制电脑内"虚拟动画对象（人物、动物、机器人等）"的图形化编程软件，但电脑外的物理世界却是极为丰富的。奥特森公司开发的 Scratch-ATS 系列硬件可对电脑内"虚拟世界"进行互动和控制。

1. Scratch 智能教学基础套装

Scratch 基础套装有"光"、"声"、"滑杆"、"按键"及四个可接电阻传感器的"扩展插孔"，较好地实现了"物理世界"与"虚拟世界"的互动，如图 0-5 所示。

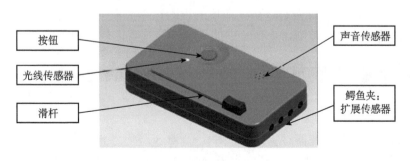

图 0-5

2. Scratch 智能教学标准套装

"Scratch 标准套装"在基础套装的基础上增加了距离传感器、加速度传感器、温度传感器，可更好地实现编程者的创意，特殊设计的游戏按钮及蓝牙模块，增加了良好的游戏体验。Scratch 标准板各功能部件分布如图 0-6 所示，Scratch 标准板的开关如图 0-7 所示。

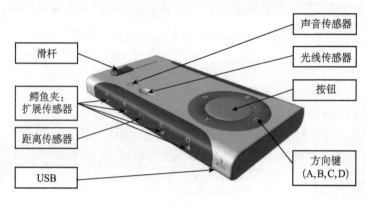

图 0-6

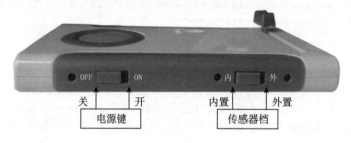

图 0-7

（1）与电脑通信

Scratch 硬件标准板使用 USB 可与电脑进行通信。操作步骤如下：

①控制器电源档置于"ON"档；

②用 USB 线将控制器与电脑相连；

③选择正确的 COM 端口。COM 端口的正确选择很关键，选择正确后，监视器中的值会有所变化。若选择错误，舞台中的传感器监视器的所有值均为"0"。操作步骤如图 0-8 所示。

注意：在将控制器连接到电脑之前，要确信电脑上已经安装有 Scratch 软件及驱动。

（2）传感器特性

基础板中传感器监视器对应显示如图 0-9 所示。

标准板中传感器分为内置传感器和外置传感器，内置档与外置档的传感器与 Scratch 软件中传感器监视器对应显示如图 0-10 所示。

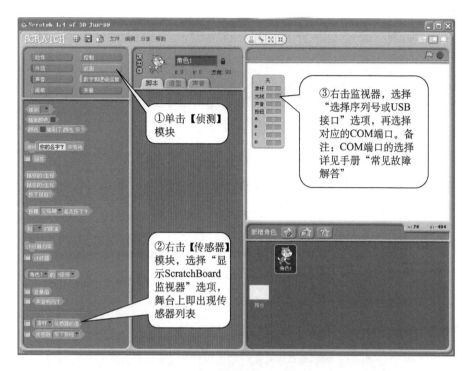

图 0-8

	开		外置档
滑杆	滑杆 0		滑杆
光线	光线 0		光线
声音	声音 0		声音
按钮	按钮 0		按钮
A	A 0		传感器 A
B	B 0		传感器 B
C	C 0		传感器 C
D	D 0		传感器 D

图 0-9

	开		内置档	外置档
滑杆	滑杆 0		滑杆	滑杆
光线	光线 0		光线	光线
声音	声音 0		声音	声音
按钮	按钮 0		按钮	按钮
A	A 0		距离	方向 A 或传感器 A
B	B 0		加速度 X	方向 B 或传感器 B
C	C 0		加速度 Y	方向 C 或传感器 C
D	D 0		加速度 Z	方向 D 或传感器 D

图 0-10

(3) 传感器的使用

①用滑杆传感器编写一个脚本，通过滑杆的位置变化控制猫的移动。

滑杆传感器如图 0-11 所示。

图 0-11

在模块列表区域，勾选滑杆传感器的值模块的复选框，然后可在舞台中观察到滑杆的值。滑动滑杆，观察滑杆值的变化。程序脚本及操作如图 0-12 所示。

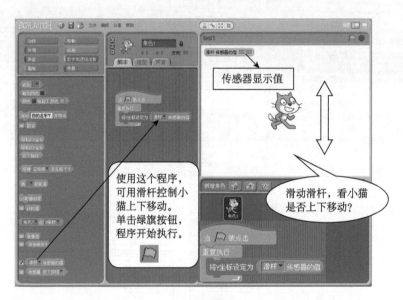

图 0-12

②通过光线变化控制猫的移动。

在传感器模块单击传感器列表，选择光线传感器，复选框打钩√，在舞台即可看到光值的变化。通过光线的变化，控制小猫的移动。其脚本及操作步骤如图 0-13 所示。

在模块列表区域，勾选光线传感器的值模块的复选框 ☑ 光线▼ 传感器的值，舞台上出现光值数字显示框。试试用手遮挡板上的光线传感器，观察读数的变化。读数应该变为0，即 光线 传感器的值 0.0 。

同样，在传感器列表中选择声音传感器、A/B/C/D 传感器来控制小猫移动。

③"是"还是"否"？

哪个传感器能反馈条件成立的"是"还是条件不成立的"否"？

☑ ◁ 传感器 按下按钮▼ 按下按钮时，为"是"，条件成立；松开按钮，为"否"，条件不成立。

运行图 0-14 程序，如果按下按钮，设定的条件成立，小猫执行"旋转 15 度"的动作。

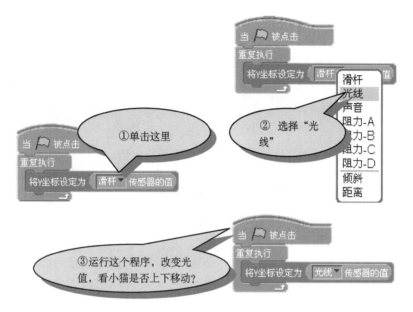

图 0-13

图 0-14

板子上有传感器 A、B、C、D 四个端口，并配备了带鳄鱼夹的线（见图 0-15），可用两个鳄鱼夹的连接与否来判断条件的是否成立。两个鳄鱼夹相互接触，条件成立；否则为不成立。

运行图 0-16 程序，传感器 A 的鳄鱼夹连接前，条件都不成立。等待到传感器 A 的鳄鱼夹相连，音响发出设定的鼓声。

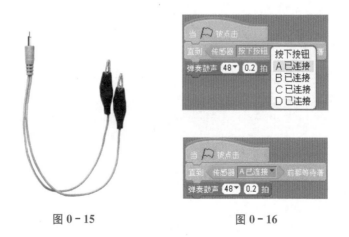

图 0-15   图 0-16

④同时观察全部传感器。

想同时观察板子上所有传感器的状态，鼠标先移动到传感器模块，右击，选择"显示 ScratchBoard 监视器"选项（见图 0-17），舞台上即出现传感器列表，你可以观察所有传感器的状态（见图 0-18）。

图 0-17   图 0-18

任务一　打招呼的猫

前言

小朋友们，你们都喜欢玩游戏吗？喜欢什么样的游戏呢？

大家有没有想过，自己来编一个游戏和朋友一起玩呢？

在这里我们可以学到设计游戏，包括背景、角色、动作、外观、声音、控制设置等，其中包含角色的造型变换、声音变换。

学习
目标

● 初步了解 Scratch 软件和界面。

● Scratch 的简单使用。

制作
目标

小猫一边前进，一边说话。

学前
知道

Scratch 是一种图形化编程语言，用来创建包含图片和声音等各种媒体的作品，作品的程序由各种模块组合而成。

模块列表的模块，可用鼠标左键单击拖到脚本区域。

Scratch 的程序包含了一个或多个角色，所谓的角色就是图片。角色由脚本、造型和声音三个因素组成。

脚本：由描述程序和控制角色行为的模块组成。

造型：显示角色外观的图片，可以有多个造型。造型可以选择系统自带的图片，也可以选择本地或互联网的图片，还可以用 Scratch 自带的绘图编辑器绘画。

声音：角色行为的声音。

一个角色的外观可以通过为其定制不同的造型来改变，角色的行为是由模块组合成的脚本控制的。每个角色可以用多个脚本控制。双击模块即可执行脚本，脚本按照模块的先后顺序执行。也可以为脚本添加响应外部条件的模块来自动运行。角色们就好比演员，在舞台上显示并相互影响。

1. 创建第一个作品：打招呼的猫

Scratch 的初始界面是一只猫，包含两个造型和一个声音。

我们的第一个作品就是要让猫叫一声并向我们打招呼："你好！"。

打开软件或新建一个页面，即选择菜单栏【文件】中的【新建】命令，产生一只原始的猫。

2. 修改角色属性

默认的角色名称是【角色 1】，我们可以在角色信息区的文本框中改变角色的名字，如改成【小猫】。角色名字被改变后，角色列表中的名称也会自动变化。当鼠标停留在角色列表中的角色上时，会显示该角色的脚本数量。

3. 为角色创造脚本

下面我们要为角色添加脚本，实现小猫向我们打招呼。

单击模块区域中【外观】模块组，模块列表中包含各种改变角色外观的模块，单击 说 你好！ 2 秒 ，将模块拖动到脚本区域（见图 1-1）。

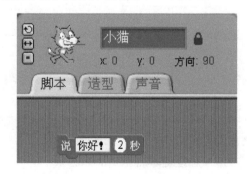

图 1-1

这个模块是角色显示文本框中的文字。该模块中的文本框和数值框均可编辑。

接下来我们单击【声音】模块组，模块列表里显示一组播放声音的模块。我们选择 播放声音 喵▾ 模块拖到脚本区域（见图1-2）。该模块将小猫的声音设置为【喵】，在角色的声音选项中可以看到（见图1-3）。

图1-2

图1-3

4. 运行脚本

脚本编好后，双击刚才两个模块的任一模块，运行脚本。我们会看到舞台上的小猫说出："你好!"，两秒后播放"喵"的声音（见图1-4）。

图1-4

除此之外，我们还可以通过其他方式来运行脚本。

（1）通过绿旗执行按钮运行

在刚编辑好的脚本模块上，将 模块拖到原来两个模块的顶部，模块自动组合成一组（见图1-5），当单击舞台右上角执行按钮【绿旗】时（见图1-6），脚本开始运行。

图 1-5

图 1-6

（2）通过单击角色运行

同上步骤，我们用 模块取代 模块（见图1-7）。当我们单击舞台上的小猫时，脚本执行。

（3）通过键盘的按键来运行程序

在 模块中，我们可以选择上移、下移、右移、左移、空格键、26个英文字母以及1~9数字键来控制（见图1-8）。

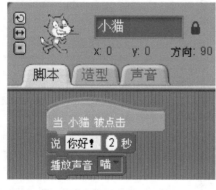

图 1-7

图 1-8

5. 保存作品

作品可以成功运行，我们就可以保存我们的工作了。单击【文件】菜单中的【存档】或【另存为】命令，出现如图1-9所示的界面。

图1-9

在【新文件名】后输入"打招呼的小猫"，作为程序的文件名。我们还可以在【作者】中填入你的姓名，【关于这个作品】中对这个作品做描述，然后单击【确定】按钮来完成保存。文件默认保存在电脑中【我的文档】下的【Scratch Projects】文件夹中（也可以更改保存到自己喜欢的文件夹中）。

任务二　翻跟斗的猫

前言

小朋友们，你们在家里都喜欢玩哪些游戏？翻过跟斗吗？

大家想一想，我们可以自己来编一个翻跟斗的游戏吗？

在这里我们可以学到设计游戏，包括背景、角色、动作、外观、声音、控制设置等，其中包含角色的造型变换、位置变换、声音变换。

学习目标

● 了解 Scratch 软件程序的顺序结构。

● 控制、动作、外观、声音模块的应用。

制作目标

● 小猫原地空翻一圈。

● 这个作品中，小猫在原地空翻一圈后，回到原始状态。

● 在翻跟斗的过程中，小猫为了保持平衡，造型有所改变。

● 同时屏住呼吸，它的脸色会有变化。

● 在顺利完成后，小猫发出喜悦的信号。

1. 创建新的 Scratch 作品

启动 Scratch 程序，系统会自动新建一个新的作品。若已经运行了 Scratch 程序，选择【文件】菜单中的【新建】命令新建新做的作品。（以后所有任务，此步略写）

2. 编写小猫翻跟斗的脚本

首先将【控制】模块中的 拖到脚本区域，表示当绿旗按钮被单击后开始执行。

为了让小猫有所准备，在翻转前，它需要等待 3 秒。

在绿旗控制模块后，我们添加一个【等待 1 秒】模块，将模块中默认的 1 改为 3（见图 2-1）。

小猫做好预备后，开始翻转。

小猫翻转一圈，要旋转 360°。这里我们将动作分解成 4 步，每个步骤顺时针旋转90°。这里使用顺时针旋转模块 ，将默认的 15 改为 90（见图 2-2）。

图 2-1   图 2-2

在翻转过程中，小猫为了保持平衡，造型会改变。

默认的小猫有两个造型。在【角色信息】区域，我们单击【造型】即可看到小猫的两个造型（见图 2-3）。这里我们选择造型 2。

切换到【外观】模块组，将 拖拽到脚本后面（见图 2-4）。

在翻转过程中，小猫屏住呼吸，那么它的肤色也随着变化。这里我们将 拖拽到脚本后面（见图 2-5）。

为了方便我们观看小猫在空中的旋转细节，我们在【旋转】模块后添加【等待 1秒】模块（见图 2-6）。

大家可以试试，如果不使用【等待 1 秒】模块，你看到的情况是怎么样的？

小猫继续顺时针翻转 90°，再添加 （见图 2-27）。

这里小猫已经翻转了两个 90°，后面再翻转两个 90°，就完成了一圈。我们再添加两个【等待 1 秒】模块和【旋转 90 度】模块（见图 2-8）。

图 2-3

图 2-4

图 2-5

　　既然小猫已经翻转到原地了，那么小猫就要恢复到原始姿势。所以添加
切换到造型 造型2 模块，并选择造型 1（见图 2-9）。

　　小猫回到原形后，休息片刻，那么它的肤色也应该恢复正常。在翻转过程中，小
猫的颜色特效增加了 25，在这里，将颜色特效减少 25 就可以恢复了。即添加
将 颜色 特效增加 25 模块，将 25 改变为－25（见图 2-10）。

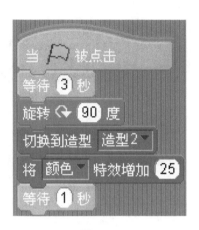

图 2-6

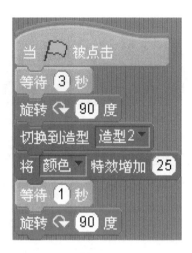

图 2-7

图 2-8

图 2-9

　　小猫顺利完成翻转，它发出胜利的信号。在【外观】模块组中选择 说 你好! ，将
"你好"改变为"哦！耶"。并在【声音】模块组中选择 播放声音 喵 （见图 2-11）。

图 2 - 10

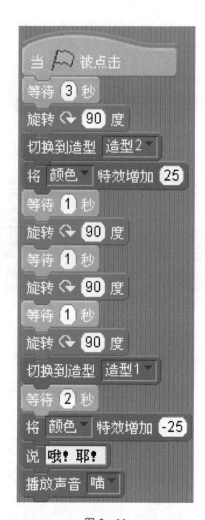

图 2 - 11

3. 执行并保存作品

到此，小猫"翻跟斗"接近完成了。我们单击绿旗按钮运行程序，观看作品的效果。

跟我们设计的一样，开始保存作品吧。单击【保存】按钮，在打开的窗口中，输入文件名、作者以及注解，单击【确定】按钮后，保存完成。

任务三　快乐的小猫

前言

小朋友们，你今天心情好吗？你心情好的时候都会做些什么呢？

大家想一想，小猫在心情好的时候会有哪些表现呢？

在这里我们可以学到设计游戏，包括背景、角色、动作、外观、声音、控制设置等，其中包含角色的造型变换、位置变换、声音变换。会用到控制、循环语句。

学习目标

- 了解 Scratch 软件程序的顺序结构。
- 控制、动作、外观、声音模块的应用。

制作目标

- 小猫来回地跳来跳去。
- 小猫跳的同时还唱着歌。
- 跳完说话和改变外观。

制作步骤

1. 创建新的 Scratch 作品

启动 Scratch 程序，系统会自动新建一个新的作品。

2. 添加舞台背景

我们要为这个作品添加一个符合情景的背景图。单击角色列表中舞台的缩略图，切换到位于脚本区域上方的【多个背景】选项卡，单击【导入】按钮，出现如图 3-1 所示的导入背景窗口。既然主题是快乐的小猫，我们就选择一个花园的背景吧。进入【Nature】文件夹，选择【garden-rock】，单击【确定】按钮完成。

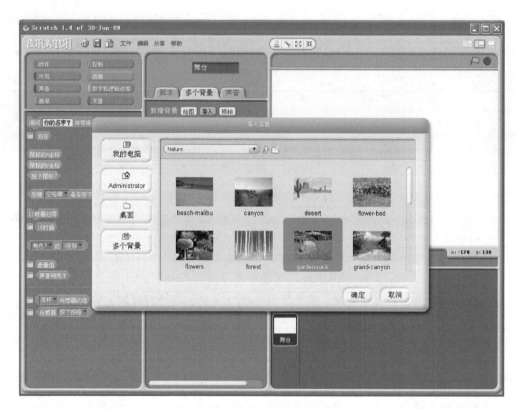

图 3-1

新导入的背景将会加入到背景列表中，如图 3-2 所示，Scratch 会自动为新的背景指定名字和序号。因为这个作品只需要一个背景，可以把默认名称为"背景 1"的空白背景删除。要删除空白背景，需要单击其名下方右侧的❌按钮。删除背景后剩余的背景将会赋予新的序号。

3. 添加背景音乐

在脚本区域单击【声音】选项卡。系统默认包含一个"pop 音效"文件（见图 3-3）。

Scratch 软件中包含了各种音效。作品中的背景图片是 garden-rock，我们选择跟 garden 相关的音乐。单击【导入】按钮，Scratch 打开导入声音窗口，该窗口中包含八个文件夹：【animals】、【effects】、【electric】、【human】、【instruments】、【music loops】、【percussion】、【vocals】。

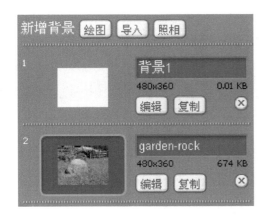

图 3 - 2   图 3 - 3

    双击进入【Music Loops】文件夹，单击【Garden】文件（见图 3 - 4），选择声音文件后系统会播放该声音。

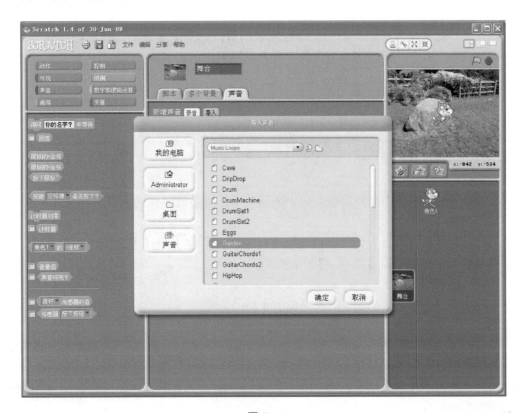

图 3 - 4

    单击【确定】，将声音导入作品。导入后在声音列表中可以看到声音文件的编号、名称、播放时长及文件大小（见图 3 - 5）。

    作品不会使用默认的【pop 音效】，也可以单击删除按钮删除该声音文件。

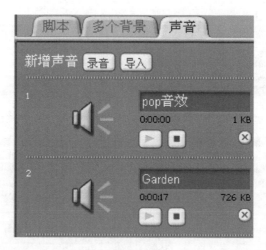

图 3-5

4. 编写脚本

这个作品需要两个脚本，一个舞台背景的脚本，一个小猫的脚本。舞台的脚本负责播放背景音乐，小猫的脚本负责让小猫表现得很快乐。

5. 编写舞台的脚本

（1）编写舞台背景的脚本

首先将【控制】模块中的 ![当绿旗被点击] 拖到脚本区域，表示当绿旗按钮被单击后开始执行。

背景音乐会反复不断地播放，这里需要一个反复播放音乐的循环，即【重复执行】模块（见图 3-6）。

接下来单击【声音】模块组，拖拽【播放声音】模块到【重复执行】模块内，单击右侧的下拉列表选择【Garden】（见图 3-7）。

（2）编写快乐的小猫的脚本

完成舞台背景音乐的脚本，开始编写小猫的脚本。

首先将【控制】模块中的 ![当绿旗被点击] 拖拽到脚本区域，表示当绿旗按钮被单击后开始执行。

这个作品中小猫很快乐，很兴奋，将不停地跳，因此将【重复执行】模块拖拽到 ![当绿旗被点击] 模块下（见图 3-8）。

接下来要添加三个模块，第一个负责让小猫移动 80 步，第二个负责暂停 2 秒，第三个负责发出猫叫"喵"。即分别要添加一系列的【移动】、【等待】和【播放声音喵】模块（见图 3-9）。

图 3 - 6

图 3 - 7

图 3 - 8

为了完成最终的功能再添加两个外观模块（见图 3 - 10）。

图 3 - 9

图 3 - 10

将 颜色 特效增加 25 模块用来在每次循环的最后改变小猫的肤色。

说 大家跟我一起HIGH起来！ 2 秒 模块用来让小猫运动完一遍后号召大家一起
活动。

6. 执行并保存作品

到此，"快乐的小猫"接近完成了，我们单击绿旗按钮运行程序，观看作品的效果。

跟我们设计的一样，开始保存作品吧。单击【保存】按钮，在打开的窗口中，输入文件名、作者以及注解。单击【确定】按钮后，保存完成。

任务四　面积计算器

前言

小朋友们，你们知道三角形的面积是怎么计算的吗？它和长方形有面积有什么不一样？

大家想一想，你平时是怎么计算三角形的面积的呢？

你能设计出一个游戏来，让它自动给三角形计算面积吗？

在这里我们可以学到设计游戏，包括背景、角色、动作、外观、控制设置等，其中包含变量设置，循环语句。

学前知道

1. 变量

在 Scratch 程序中，存储、读取和修改数据需要使用变量。在编写需要使用变量的程序时，首先要定义变量。单击【变量】模块组的【新建一个变量】按钮，在文本框中输入变量名称，然后单击【确定】按钮即可（见图 4-1）。

Scratch 变量有全局变量和局部变量两种。

局部变量：只能在定义了该变量的角色中有效，只能被该角色的脚本访问。即图 4-1 中 "只适用于这个角色"。

全局变量：可被作品中所有脚本访问。即图 4-1 中 "适用所有角色"。

创建了变量后，在【变量】组中会新增五个模块，同时舞台上会出现一个显示框。

使用这些变量可以改变变量的初始值，也可以在执行期间改变变量的值，还可以

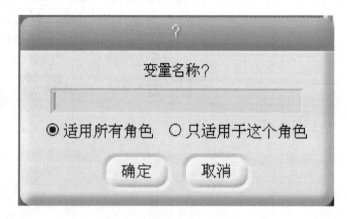

图 4-1

控制是否在舞台上显示该变量的值。

2. 运算

图 4-2

Scratch 提供了强大的数值计算功能，本节将用到四则运算：加法、减法、乘法和除法。

这些模块都能够嵌入到其他模块的数值插入孔中（插入孔的形状为方形或圆形，不能是尖头的插入孔）（见图 4-2）。

● 基本的四则运算。
● 变量模块的应用。

● 输入三角形的底和高，立刻算出三角形的面积。

1. 创建新的 Scratch 作品

启动 Scratch 程序，系统会自动新建一个新的作品。

2. 添加舞台背景

我们要为这个作品添加一个符合情景的背景图。单击角色列表中舞台的缩略图，切换到位于脚本区域上方的【多个背景】选项卡，单击【编辑】按钮，出现如图 4-3

所示的绘图编辑器。

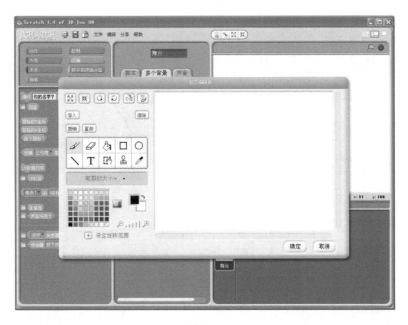

图 4-3

利用方形工具和线形工具，绘制一个任意三角形。先用空心方形绘制一个矩形，再用线形工具将方形分成三角形（见图 4-4）。

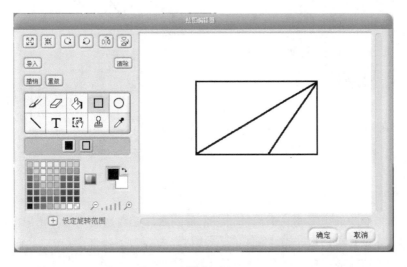

图 4-4

再用橡皮擦工具将多余的部分擦除，同时用虚线表示三角形的高（见图 4-5）。
再用文字输入工具标出三角形的底和高，单击【确定】按钮（见图 4-6）。

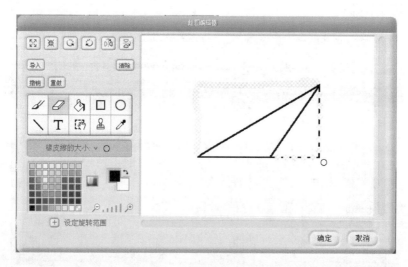

图 4 - 5

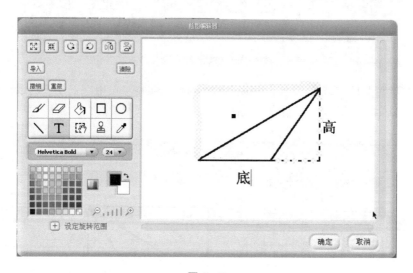

图 4 - 6

3. 新建变量

计算三角形的面积需要三个变量：**三角形的底、三角形的高和三角形的面积**。

单击【变量】模块组，单击 新建一个变量 ，分三次分别创建："三角形的底"、"三角形的高"和"三角形的面积"这三个变量。

默认状态下，三个变量的值显示在舞台上。

三角形的面积公式为

$$三角形的面积 = \frac{底 \times 高}{2}$$

4. 编写脚本

首先将【控制】模块中的 ![当绿旗被点击] 拖拽到脚本区域，表示当绿旗按钮被单击后开始执行。

接下来设定三角形的底和三角形的高的值。将三个 ![将变量三角形的底的值设定为0] 模块拖拽到【绿旗】模块后，通过单击模块的下拉框可选择已经创建的不同变量（见图4-7）。

图 4-7

其中，"三角形的面积"模块稍微复杂一些，要做一些转换工作。

三角形的面积公式为

$$三角形的面积 = \frac{底 \times 高}{2}$$

因此，将除法模块 ![除法模块] 嵌入到三角形的变量模块中，分母输入 2（见图 4-8）。

图 4-8

再将乘法模块 ![乘法模块] 嵌入到除法模块的分子中（见图 4-9）。

图 4-9

然后将变量"三角形的底"和"三角形的高"嵌入到乘法模块中（见图 4-10）。

![将变量三角形的面积的值设定为 三角形的高 * 三角形的底 / 2]

图 4-10

整个程序如图 4-11 所示，在文本框分别输入三角形的底和三角形的高，执行程序后，面积的值立刻在舞台显示出来。

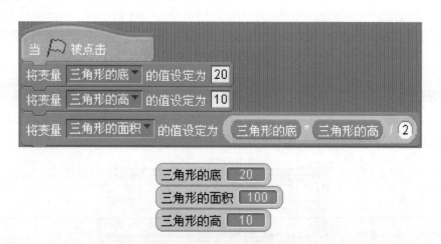

图 4 - 11

5. 执行并保存作品

到此，作品接近完成了，我们单击绿旗按钮运行程序，观看作品的效果。

跟我们设计的一样，开始保存作品吧。单击【保存】按钮，在打开的窗口中，输入文件名、作者以及注解。单击【确定】按钮后，保存完成。

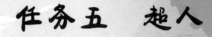

任务五　超人

前言

你听说过超人吗？超人是什么样的呢？

大家想一想，你听说过的超人有些什么神奇的地方呢？

你能设计出一个超人来，让超人在游戏里神通广大吗？

学习目标

● 角色的造型变换、位置变换。

制作目标

设计超人的造型，设计一个超人的游戏：

● 查找或者自己绘制一个超人角色，超人的几个不同造型可以来回切换。

● 陨石掉向地球，为了解救地球人，超人出场，接住陨石并将陨石丢到安全的位置，超人解救地球人。

制作步骤

1. 创建新的 Scratch 作品

启动 Scratch 程序，系统会自动新建一个新的作品。

2. 添加舞台背景

我们要为这个作品添加一个符合情景的背景图。单击角色列表中舞台的缩略图，切换到位于脚本区域上方的【多个背景】选项卡，单击【导入】按钮，出现的导入背景窗口。进入【Nature】文件夹，选择【stars】，单击【确定】按钮完成。

3. 添加删除角色

删除默认角色，添加三个角色：地球人、陨石、超人。他们的造型如图 5-1 所示。

(a)地球人造型　　　　(b)陨石造型　　　　(c)出场造型　　　　(d)起飞造型

(e)飞行造型　　　　(f)接陨石造型　　　　(c)收场造型

图 5-1　角色造型

4. 编写角色的脚本

（1）地球人脚本

地球人站在地面，当看到陨石掉落时发出求救信号；当看到超人来了，发出加油、赞叹的语气。

（2）陨石脚本

陨石从舞台右上角飞出，砸向地球人；最后被超人接住，被扔到安全的位置（见图 5-3）。

（3）超人脚本

在陨石砸到人之前，超人出场，接住陨石，扔到安全的地方（见图 5-4）。

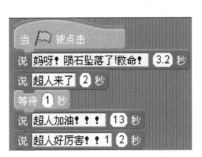

图 5-2

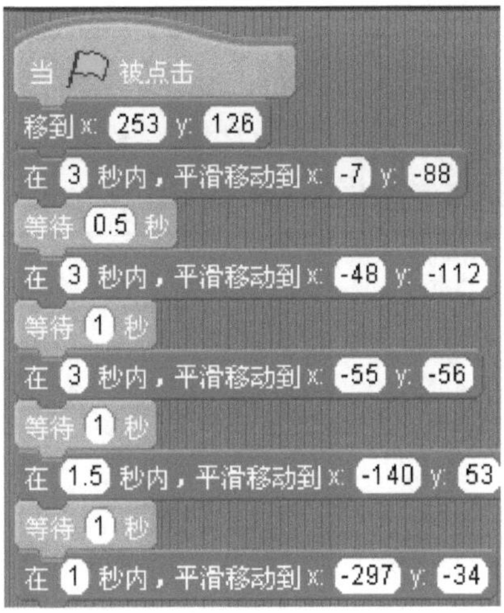

当 🏳 被点击
说 妈呀！陨石坠落了！救命！ 3.2 秒
说 超人来了 2 秒
等待 1 秒
说 超人加油！！！ 13 秒
说 超人好厉害！！！ 2 秒

当 🏳 被点击
移到 x: 253 y: 126
在 3 秒内，平滑移动到 x: -7 y: -88
等待 0.5 秒
在 3 秒内，平滑移动到 x: -48 y: -112
等待 1 秒
在 3 秒内，平滑移动到 x: -55 y: -56
等待 1 秒
在 1.5 秒内，平滑移动到 x: -140 y: 53
等待 1 秒
在 1 秒内，平滑移动到 x: -297 y: -34

图 5-3

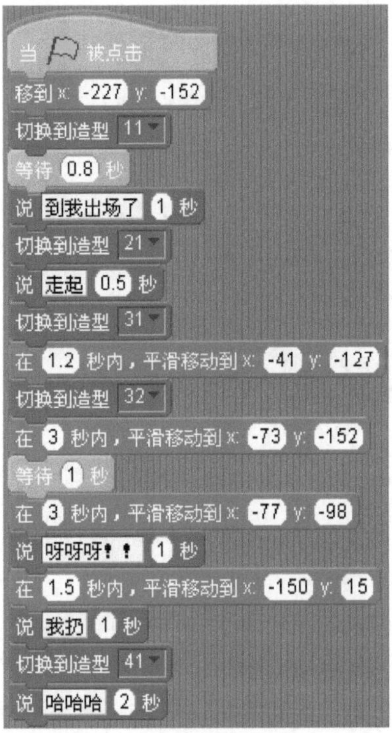

当 🏳 被点击
移到 x: -227 y: -152
切换到造型 11
等待 0.8 秒
说 到我出场了 1 秒
切换到造型 21
说 走起 0.5 秒
切换到造型 31
在 1.2 秒内，平滑移动到 x: -41 y: -127
切换到造型 32
在 3 秒内，平滑移动到 x: -73 y: -152
等待 1 秒
在 3 秒内，平滑移动到 x: -77 y: -98
说 呀呀呀！！ 1 秒
在 1.5 秒内，平滑移动到 x: -150 y: 15
说 我扔 1 秒
切换到造型 41
说 哈哈哈 2 秒

图 5-4

5. 执行并保存作品

到此，作品接近完成了，我们单击绿旗按钮运行程序，观看作品的效果。

跟我们设计的一样，开始保存作品吧。单击【保存】按钮，在打开的窗口中，输入文件名、作者以及注解。单击【确定】按钮后，保存完成。

【试一试】

我们可不可以把这个超人改进一下，让它能做出更多的动作来呢？这样超人就更加神通广大了。把你改进后的超人程序记录下来，试试看！

任务六　小猫与认识的新朋友

前言

朋友们，你有好朋友吗？有几个呢？你想不想认识几个新朋友呢？大家想一想，交新朋友的时候双方要说一些什么呢？

在这里我们可以学到设计游戏，包括背景、角色、动作、外观、声音、控制设置等，其中包含角色的造型变换、位置变换、声音变换以及循环语句。

学习目标

- 角色的造型变换、位置变换、声音变换。
- 场景的转换。

制作目标

- 小猫在外碰到陌生人，并成为新朋友。

制作步骤

1. 创建新的 Scratch 作品

启动 Scratch 程序，系统会自动新建一个新的作品。

2. 添加舞台背景

我们要为这个作品添加一个符合情景的背景图。单击角色列表中舞台的缩略图，切换到位于脚本区域上方的【多个背景】选项卡，单击【导入】按钮，导入如图 6-1 所示的两个背景。

(a)　　　　　　　　　　　　　　　(b)

图 6-1

3. 编写背景脚本

当前背景设定为"woods-and-bench"，15.5 秒后，切换到下一个场景，脚本如图 6-2 所示。

图 6-2

4. 编写角色的脚本

(1) 猫的脚本

角色猫跳跃时造型要变换，并播放背景音乐。

首先设定小猫的初始状态，小猫的初始造型定为"cat1-a"，初始坐标为（-209，-99），脚本如图 6-3 所示。

图 6 - 3

为了表现小猫的快乐状态，我们将小猫的移动方式设定为跳跃式前进，X 坐标增加 30 实现前进，Y 坐标增加 10 和增加－10 实现跳跃，同时造型不断切换。如图 6 - 4 所示。

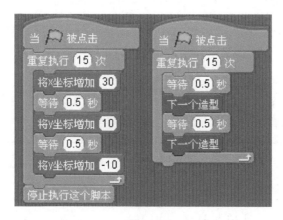

图 6 - 4

小猫在跳跃时，弹奏快乐的音符，快乐地自言自语，如图 6 - 5 所示。

等待 15.5 秒后，背景已经切换到下一个，小猫回到场景的初始位置，如图 6 - 6 所示。

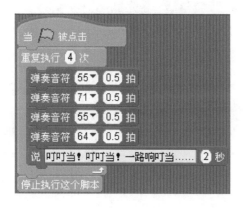

图 6 - 5

图 6 - 6

小猫认识新朋友，角色间对话交流，脚本如图 6-7 所示。

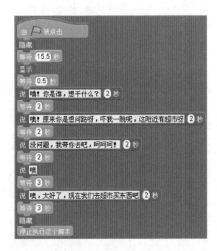

图 6-7

（2）老虎的脚本

老虎的初始状态，小猫的初始造型定为"cat3"，初始坐标为（20，-85）；等待 19.5 秒后切换到造型 cat2。脚本如图 6-8 所示。

【想一想】

为什么这里设定的时间是 19.5 秒？

角色间对话交流，认识新朋友。初始时，老虎隐藏，等待 15.5 秒小猫出现后显示，如图 6-9 所示。

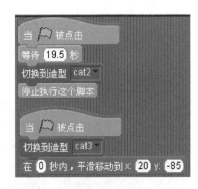

图 6-8　　　　　　　　　　图 6-9

5. 执行并保存作品

到此，作品接近完成了，我们单击绿旗按钮运行程序，观看作品的效果。

跟我们设计的一样，开始保存作品吧。单击【保存】按钮，在打开的窗口中，输入文件名、作者以及注解。单击【确定】按钮后，保存完成。

任务七　鱼儿水中游

前言

你们喜欢鱼吗？你们家里有没有养鱼呢？大家想一想，我们可以自己来编一个游戏让一些鱼在鱼缸里游来游去吗？你能编出这个游戏来，和你的同学们比一比看谁的更有趣吗？

学习目标

- 角色的造型变换、位置变换。
- 温度传感器的应用。

制作目标

- 添加游戏背景图；
- 小鱼在水的背景中不停地任意游来游去；
- 用绿旗按钮控制小鱼不停地在水中游，同时在外界水环境不适合鱼生存时，鱼做出相关反应。

制作步骤

1. 创建新的 Scratch 作品

启动 Scratch 程序，系统会自动新建一个新的作品。

2. 添加舞台背景

我们要为这个作品添加一个符合情景的背景图。单击角色列表中舞台的缩略图，切换到位于脚本区域上方的【多个背景】选项卡，单击【导入】按钮，出现导入背景窗口。进入【Nature】文件夹，选择【underwater. gif】文件，单击【确定】完成。然后再用绘图编辑器进行编辑，将其改成一个鱼缸，如图 7－1 所示。

图 7－1

3. 编写背景脚本

本例的背景无脚本。

4. 添加删除角色

默认的小猫角色不需要，右击角色列表中的缩略图，选择【删除】命令，我们先将它删除。

我们要添加的角色鱼在【Animals】文件夹。单击【从文件夹中选择新的角色】，进入【Animals】文件夹，选择如图 7－2 所示的小鱼。

图 7－2

5. 编写角色的脚本

先想好程序的流程。在本例中，我们要设计一条根据水温的不同而做出相应动作的小鱼，那我们就需要先知道小鱼适应的水温是多少，我们可以上网查找资料了解。

不同种类的鱼所适应的水温是不同的。我们这里就以 20～30 摄氏度作为小鱼的适应水温，那么小鱼在 15～20 摄氏度或 30～35 摄氏度时将会感到不适。当鱼感到不适时，小鱼会有怎样的表现呢？小鱼可能会变得少动或不进食或翻白肚。这里我我们就按鱼会翻白肚来设计。而当水温为 0～15 摄氏度时或大于 35 摄氏度时，鱼会感到很不适或死亡，这里按鱼浮在水面不动处理。

根据这些条件，现在我们开始编写脚本。

(1) 将温度传感器接到 Scratch 传感器 A 接口

先写判断语句。根据上面的分析，按水温的不同一共分为 5 种情况，分别是：0～15 摄氏度，15～20 摄氏度，20～30 摄氏度，30～35 摄氏度，大于 35 摄氏度；共有 5 个分界点，那我们可以这样编写判断语句，如图 7-3 所示。

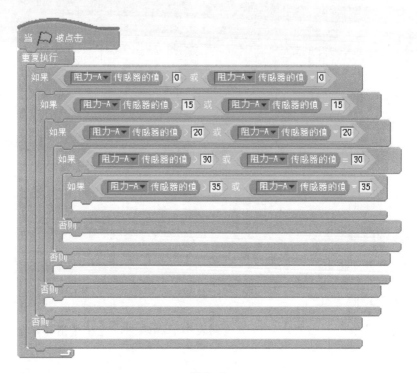

图 7-3

我们来具体分析一下该脚本的作用。这里一共用到了 4 个"如果……否则"判断条件和 1 个"如果……"判断条件（见图 7-4）。

(a) "如果……否则"条件   (b) "如果……"条件

图 7-4

第一个"如果……否则"的判断条件是

阻力-A▼ 传感器的值 > 0 或 阻力-A▼ 传感器的值 = 0 ，即温度大于等于 0；

第二个"如果……否则"的判断条件是

阻力-A▼ 传感器的值 > 15 或 阻力-A▼ 传感器的值 = 15 ，即温度大于等于 15 摄氏度；

所以，第一个"如果……否则"条件中的"否则"下面的空里的语句的执行条件是：温度大于等于 0 且小于 15 摄氏度。

其他的类推。

根据分析，我们知道了 4 个"如果……否则"判断条件的"否则"下面的空里的语句的执行条件分别是：大于等于 0 且小于 15 摄氏度，大于等于 15 摄氏度且小于 20 摄氏度，大于等于 20 摄氏度且小于 30 摄氏度，大于等于 30 摄氏度且小于 35 摄氏度。而"如果……"判断条件里的执行条件是大于 35 摄氏度。

（2）编写小鱼在不同水温下的反应

当水温为大于等于 0 且小于 15 摄氏度和大于 35 摄氏度时，小鱼漂浮在水面不动。将 在 1 秒内，平滑移动到 x: x座标 y: 52 放到相应的位置，如图 7-5 所示。

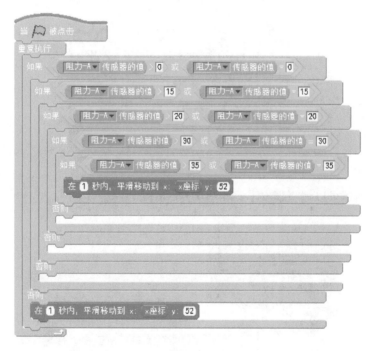

图 7-5

当水温大于等于 15 摄氏度且小于 20 摄氏度，和大于等于 30 摄氏度且小于 35 摄氏度时，小鱼在水面上漂浮，即小鱼会在水面上左右移动。为了使小鱼的移动看起来更加自然，我们可以这样编写如图 7-6 所示。

在 在 1 到 10 间随机选一个数 秒内，平滑移动到 x: 在 -180 到 180 间随机选一个数 y: 52

图 7-6

编写好之后我们就可以单击绿旗，查看效果，我们会发现当小鱼向左边移动时，小鱼的脸并不是向左边，所以我们还需要加入一个判断小鱼的脸面向哪边的脚本。小鱼面向哪边需要和初始位置进行比较，即比较初始的 X 坐标，所以就需要先将终点的 X 坐标的值存在一个变量里，然后进行比较后再使用。这里我们就需要先建立一个变量并命名为 "X"，如图 7-7 所示。

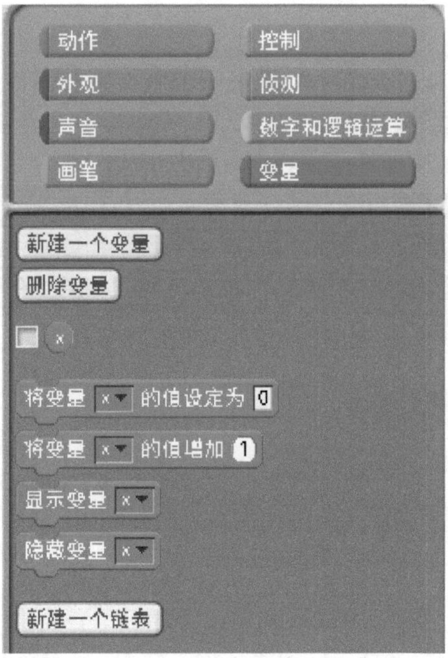

图 7-7

建立完后就可以编写脚本了，如图 7-8 所示。

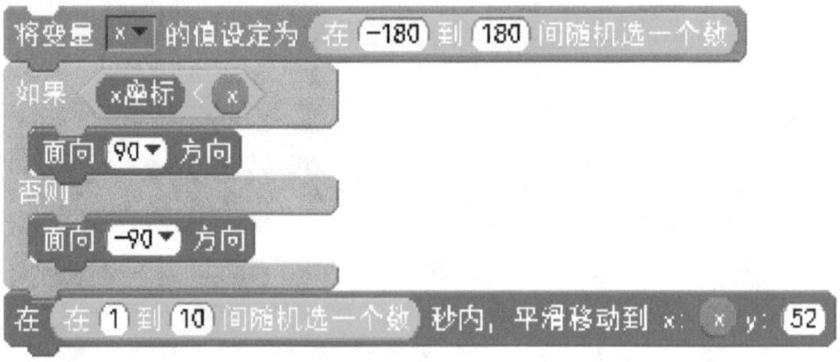

图 7-8

再将其放入第 4 个 "如果……否则" 条件的 "否则" 之后的位置，如图 7-9 所示。

当水温合适时，即水温大于等于 20 摄氏度且小于 30 摄氏度，小鱼在水里自由的游动。其脚本和图 7-8 类似，只不过它的 Y 坐标也是一个 -158 到 39 之间的随机数，如图 7-10 所示。

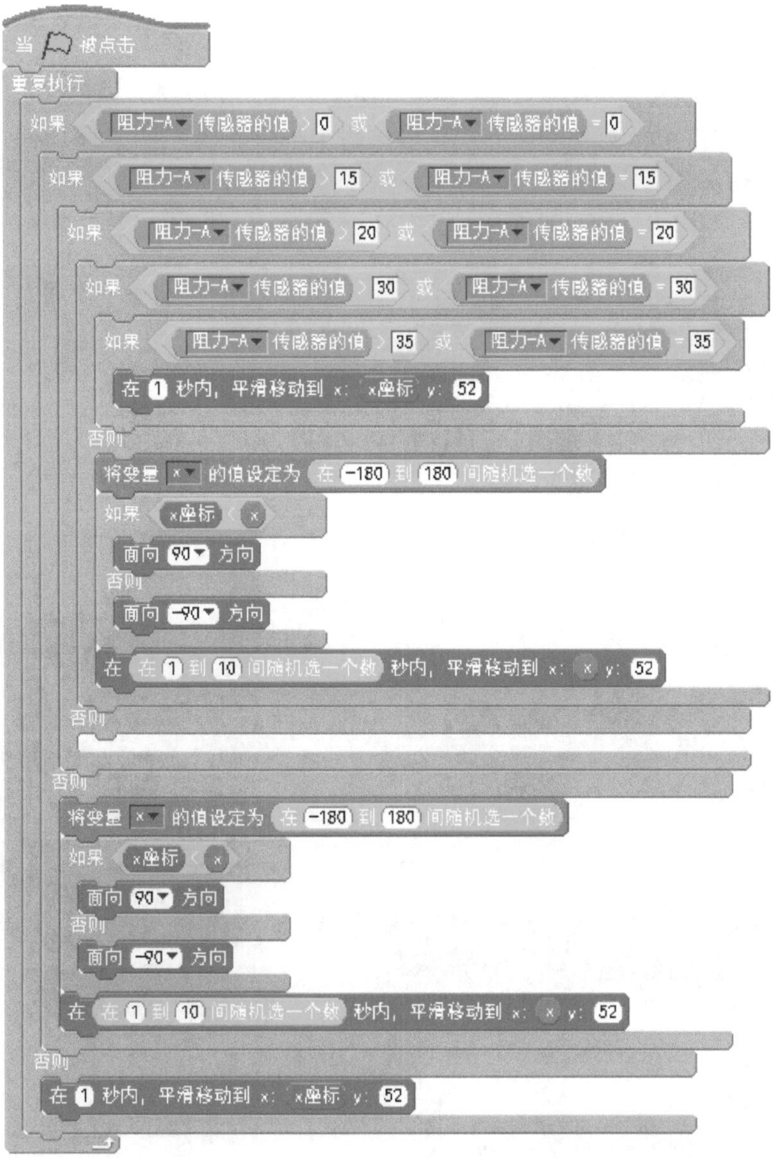

当 ▶ 被点击

重复执行
  如果 〈 阻力-A▼ 传感器的值 > 0 〉 或 〈 阻力-A▼ 传感器的值 = 0 〉
    如果 〈 阻力-A▼ 传感器的值 15 〉 或 〈 阻力-A▼ 传感器的值 = 15 〉
      如果 〈 阻力-A▼ 传感器的值 > 20 〉 或 〈 阻力-A▼ 传感器的值 = 20 〉
        如果 〈 阻力-A▼ 传感器的值 > 30 〉 或 〈 阻力-A▼ 传感器的值 = 30 〉
          如果 〈 阻力-A▼ 传感器的值 > 35 〉 或 〈 阻力-A▼ 传感器的值 = 35 〉
            在 1 秒内, 平滑移动到 x: x座标 y: 52
          否则
            将变量 x▼ 的值设定为 在 -180 到 180 间随机选一个数
            如果 〈 x座标 x 〉
              面向 90▼ 方向
            否则
              面向 -90▼ 方向
            在 在 1 到 10 间随机选一个数 秒内, 平滑移动到 x: x y: 52
        否则
      否则
        将变量 x▼ 的值设定为 在 -180 到 180 间随机选一个数
        如果 〈 x座标 x 〉
          面向 90▼ 方向
        否则
          面向 -90▼ 方向
        在 在 1 到 10 间随机选一个数 秒内, 平滑移动到 x: x y: 52
  否则
    在 1 秒内, 平滑移动到 x: x座标 y: 52

图 7 - 9

将变量 x▼ 的值设定为 在 -180 到 180 间随机选一个数
如果 〈 x座标 x 〉
  面向 90▼ 方向
否则
  面向 -90▼ 方向
在 在 1 到 10 间随机选一个数 秒内, 平滑移动到 x: x y: 在 -158 到 39 间随机选一个数

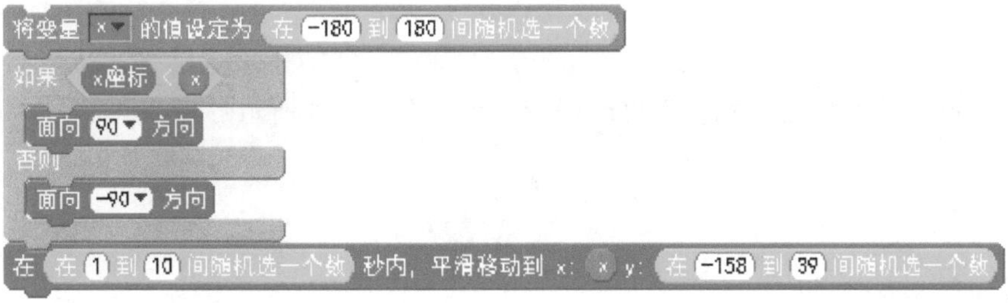

图 7 - 10

再将其放入第 3 个"如果……否则"条件的"否则"之后的位置就大功告成了，如图 7 - 11 所示。

（3）创建小鱼翻白肚的造型

为了使小鱼有翻白肚效果，我们还需要给小鱼创建一个翻白肚的造型。具体步骤如图 7 - 12 所示。

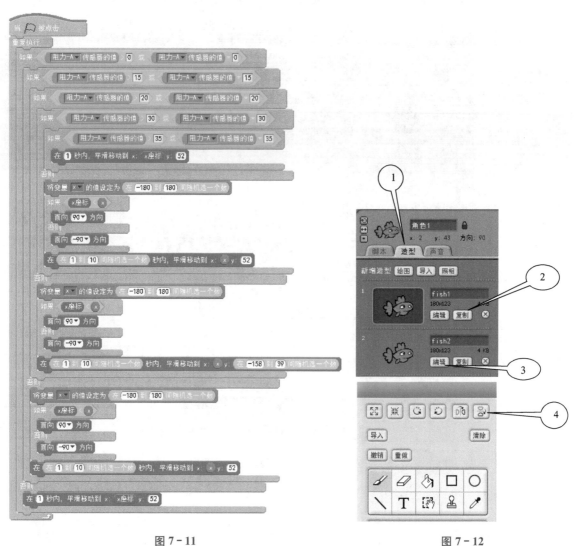

图 7 - 11　　　　　　　　　　　图 7 - 12

按上面步骤操作后，我们就可以得到一个如图 7 - 13 所示的新造型了。

图 7 - 13

我们再把不同的造型放入相应的位置里，如图 7-14 所示。

图 7-14

6. 执行并保存作品

到此，作品接近完成了，我们单击绿旗按钮运行程序，观看作品的效果。

跟我们设计的一样，开始保存作品吧。单击【保存】按钮，在打开的窗口中，输入文件名、作者以及注解。单击【确定】按钮后，保存完成。

任务八　会跳高的猫

前言

小朋友们，你喜欢猫吗？你家或你亲戚朋友家有没有养猫的呢？这一课要学的是，通过 Scratch 传感器主控器中的按钮来控制猫跳高。

学习
目标

- 猫的造型变换、位置变换、动作条件。
- 按钮控制角色。

制作
目标

- 按 Scratch 传感器主控器中的按钮后，小猫从桌上跳到地面。

制作步骤

1. 创建新的 Scratch 作品

启动 Scratch 程序，系统会自动新建一个新的作品。

2. 添加舞台背景

我们要为这个作品添加一个符合情景的背景图。再单击角色列表中舞台的缩略图，切换到位于脚本区域上方的【多个背景】选项卡，单击【导入】按钮，导入如图8-1所示的背景窗口。

图8-1

3. 添加删除角色

角色用默认的猫。

4. 编写角色的脚本

猫要从桌子上跳下，所以猫的起始位置在桌上（见图8-2）。

猫的移动控制程序如图8-3所示，在传感器按下按钮前，等待着执行跳跃时造型变换；落地时，恢复起跳前造型。

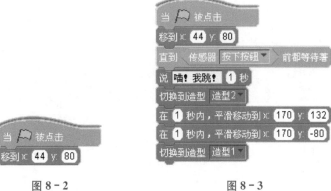

图8-2   图8-3

5. 执行并保存作品

到此，作品接近完成了，我们单击绿旗按钮运行程序，观看作品的效果（见图 8 - 4 和图 8 - 5）。

图 8 - 4   图 8 - 5

跟我们设计的一样，开始保存作品吧。单击【保存】按钮，在打开的窗口中，输入文件名、作者以及注解。单击【确定】按钮后，保存完成。

任务九　打猴子

前言

　　小朋友们，你们玩过打地鼠的游戏吧？本节课要完成一个与打地鼠游戏类似的，我们来打猴子。

学习目标

- 了解 Scratch 软件程序的综合应用；
- 控制、动作、外观、变量模块的应用。

制作目标

- 制作一个打猴子的小游戏。

制作步骤

1. 创建新的 Scratch 作品

启动 Scratch 程序，系统会自动新建一个新的作品。

2. 添加舞台背景

我们要为这个作品添加一个符合情景的背景图。单击角色列表中舞台的缩略图，

切换到位于脚本区域上方的【多个背景】选项卡，单击【导入】按钮，进入【Sports】
文件夹，选择【playing-field】文件，单击【确定】按钮完成。再单击【编辑】按钮，
背景被调入到绘图编辑器，用椭圆工具绘制三个黑洞，如图9-1所示。

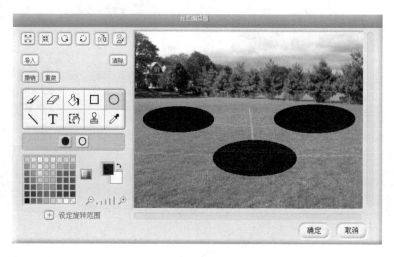

图 9-1

3. 创建变量

为了知道我们打中了多少只猴子，作品需要一个计分器。计分器可以通过设定变
量来实现。

单击变量模块 变量 ，选择新建变量，命名为"分数"，此变量为全局变量，
所以要选中"适用所有角色"单选按钮，如图9-2所示。

单击【确定】按钮后，变量创建成功，模块窗口中出现新增"分数"变量的相关
模块，如图9-3所示。

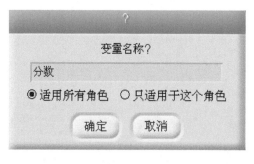

图 9-2

图 9-3

同时分数显示在舞台的左上角位置，如图9-4所示。

4. 创建角色及编辑角色的脚本

这个作品需要四个角色：1个小锤和三个猴子。

（1）创建小锤子角色

用【绘制新角色】功能绘制一个小锤，如图9-5所示。

再用绘图编辑器为小锤增加一个造型，显示小锤砸中猴子，如图9-6所示。

锤子的两个造型如图9-7所示。

图9-4

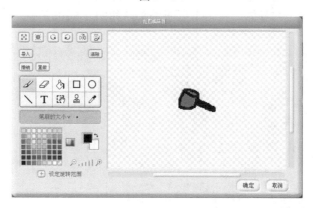

图9-5

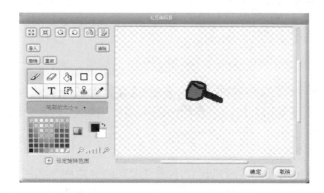

图9-6

（2）设计小锤的脚本

小锤是用鼠标控制的，小锤跟随鼠标移动（见图9－8）。按下鼠标时，小锤切换到"砸"的造型（见图9－9）。

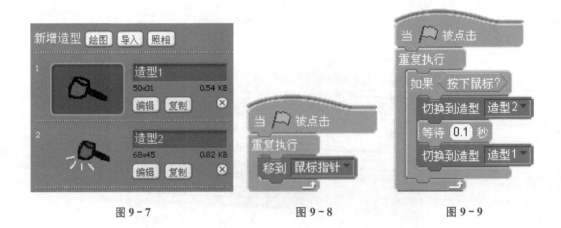

图9－7   图9－8   图9－9

（3）创建猴子角色

先导入系统自带的默认小猴角色，再在【造型】中，用【绘图编辑器】造型，用橡皮擦工具擦掉猴子的身体，只留下猴子的头，如图9－10所示。

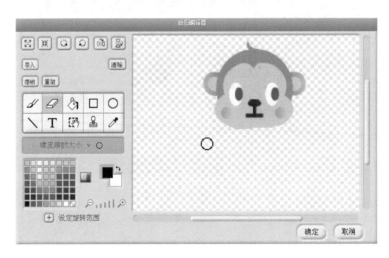

图9－10

我们再设计小猴被打到时的造型。单击【复制】按钮，新增造型 monkey2（见图9－11）；再单击【编辑】按钮，在绘图编辑器中用画笔工具编辑被打到时的小猴造型（见图9－12）。

（4）编辑角色的脚本

由于小猴是随机出现的，所以设计小猴显示和隐藏的脚本如图9－13所示。

小锤砸到猴子的计分程序如图9－14所示。首先计分器归零，锤子砸中猴子，同时猴子显示被砸中的造型，并且分数增加1。

图 9 - 11

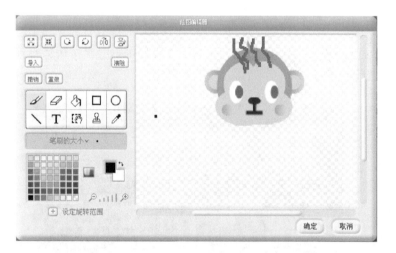

图 9 - 12

图 9 - 13

图 9 - 14

设计了三个洞，将角色1复制两个，并在舞台上分别将角色移动到三个洞口，如图 9 – 15 所示。

图 9 – 15

5. 执行并保存作品

到此，"打猴子"的游戏制作接近完成了，我们单击绿旗按钮运行程序，观看作品的效果（见图 9 – 16）。

图 9 – 16

跟我们设计的一样，开始保存作品吧。单击【保存】按钮，在打开的窗口中，输入文件名、作者以及注解。单击【确定】按钮后，保存完成。

任务十　计分器

前言

小朋友们，你们喜欢打篮球吗？注意过比赛现场的计分器吗？

大家想一想，我们可以自己编一个游戏来让投篮的时候自动计分吗？

学习目标

● 变量模块的应用。

● Scratch 传感器中按钮的应用。

制作目标

● 制作一个投篮计分器：

● 投篮，篮球碰到篮框分数就加 1；未碰到蓝筐，不计分。

制作步骤

1. 创建新的 Scratch 作品

启动 Scratch 程序，系统会自动新建一个新的作品。

2. 创建角色

删除默认角色小猫，新增角色篮球和篮筐（见图 10 - 1）。

3. 编写角色脚本

（1）篮筐脚本

作品中为了增加投篮的难度，篮筐设计为移动的，从起始位置开始，按照从左→右→左规律重复移动，程序如图 10-2 所示。

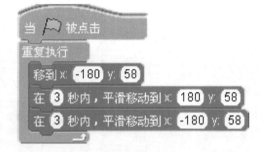

图 10-1　　　　　　　　　　　　　　　　图 10-2

（2）篮球脚本

先规定篮球的起始位置：舞台左下角坐标（－200，－150），如图 10-3 所示。

投篮脚本（见图 10-4）：用 Scratch 传感器中的按钮启动投篮，篮球上升及下降，再回到初始位置，这个过程重复执行，所以此过程加入到循环模块中。

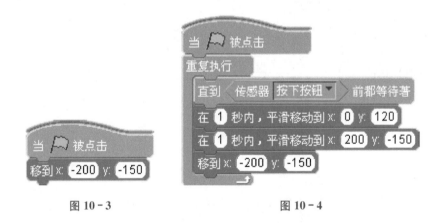

图 10-3　　　　　　　　　　　　　　　　图 10-4

计分器脚本：单击【变量】模块组，新建一个全局变量"分数"，如图 10-5 所示。单击【确定】按钮后，变量模块列表中出现了"分数"新增模块，如图 10-6 所示。

计分要求是篮球碰到篮筐时，分数增加 1。完整程序如图 10-7。

4. 执行并保存作品

到此，游戏制作接近完成了，我们单击绿旗按钮运行程序，按下 Scratch 传感器中的按钮开始投篮吧。

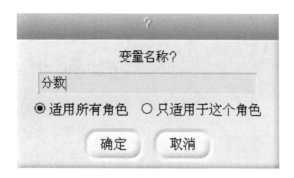

图 10 - 5

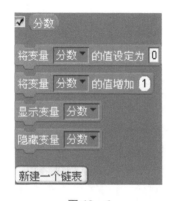

图 10 - 6

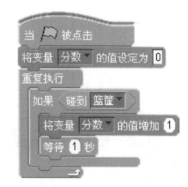

图 10 - 7

跟我们设计的一样，开始保存作品吧。单击【保存】按钮，在打开的窗口中，输入文件名、作者以及注解。单击【确定】按钮后，保存完成。

前言

　　小朋友们，你们玩过捉迷藏的游戏吗？还有迷宫呢？你能走出一个很复杂的迷宫吗？你能设计出一个迷宫游戏来，让小朋友们一起来玩这个游戏吗？

学习目标

　　● Scratch 传感器主控器中方向键的应用。

　　● 控制、动作、侦测、外观模块的应用。

制作目标

　　● 利用软件自带的绘图功能，自己设计迷宫背景和走迷宫的角色，制作一个走迷宫的游戏。

1. 创建新的 Scratch 作品

启动 Scratch 程序，系统会自动新建一个新的作品。

2. 添加舞台背景

切换到舞台，单击【导入】按钮，导入从网上下载的迷宫图（见图 11-1），读者也可自己用绘图编辑器设计迷宫。

3. 添加删除角色

首先删除默认角色猫。再通过【绘制新角色】调出绘图编辑器，用方形工具绘制一个实心点作为角色。由于角色有走迷宫和走出迷宫两种状态，所以我们设计两个造型：游戏状态和走出迷宫的成功状态，如图 11-2 所示。

图 11-1

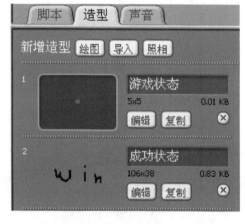

图 11-2

4. 编写角色脚本

接下来我们就来设计角色的编程了。

先将角色放置到迷宫的入口，舞台坐标为（75，144），如图 11-3 所示。

我们用 Scratch 传感器主控器的方向键 A/B/C/D 键来控制角色的上、下、左、右移动。如果角色碰到黑色，说明游戏失败，角色回到初始位置重新开始。

这里需要注意的是，使用方向键 A/B/C/D 时，传感器档需要拨至"外"置档，具体方式请参照导语中硬件介绍。

图 11-3

按向上键 A 时，角色的 Y 坐标增加 1；如果角色碰到黑色，角色回到初始位置重新开始，如图 11-4 所示。

按向左键 C 时，角色的 X 坐标减 1（即增加-1）；如果角色碰到黑色，角色回到初始位置重新开始，如图 11-5 所示。

按向右键 D 时，角色的 X 坐标增加 1；如果角色碰到黑色，角色回到初始位置重新开始，如图 11-6 所示。

红色区域位于迷宫出口，如果碰到红色，说明走出迷宫，游戏成功，角色切换到造型 2，显示胜利，如图 11 - 7 所示。

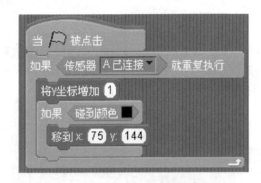

图 11 - 4

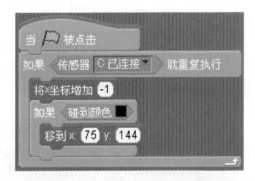

图 11 - 5

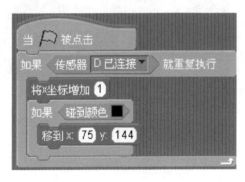

图 11 - 6

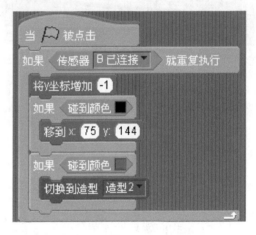

图 11 - 7

5. 执行并保存作品

到此，走迷宫的小游戏制作接近完成了，我们单击绿旗按钮运行程序，用方向按键来控制你的角色去走迷宫吧。

任务十二 一起来赛跑

小朋友们，你们平时是怎么锻炼身体的呢？经常都会去操场跑步吗？

大家说一说，你们谁跑得快呢？我们来一起赛跑怎么样？

游戏方式：

利用软件自带的绘图功能，自己设计出几个动物的几个造型，设计一个动物赛跑的游戏：

- 自己设计出几个动物角色，或从网上下载几个动物的图片作为角色；
- 改变这几个动物角色的造型，分别设计出几个不同的造型；
- 让这几个动物角色的不同造型可以来回切换。

学习目标

- 了解 Scratch 软件程序的顺序结构；
- 控制、动作、外观模块的应用。

制作目标

- 制作一个一起来赛跑的小游戏。

设计思路

我们通过小猫和小狗一起来赛跑来设计游戏。小猫由我们控制，小狗由软件控制，当小猫比小狗先到达终点，算我们赢。所以，我们在游戏中有 4 种不同的状态：游戏开始；游戏中；游戏结束；通关成功。我们可以通过在不同游戏状态切换背景，直观显示游戏进行情况。

1. 创建新的 Scratch 作品

启动 Scratch 程序，系统会自动新建一个新的作品。

2. 添加游戏背景

首先，我们先添加游戏背景。这款游戏共有 4 种状态：游戏开始、游戏中、游戏结束、通关成功，所以需要在舞台上制作 4 个背景。

选择下面的图作为背景图，并改名为【游戏状态】，如图 12 - 1 所示。

复制【游戏状态】三次，作为第二、三、四个背景，如图 12 - 2 所示。

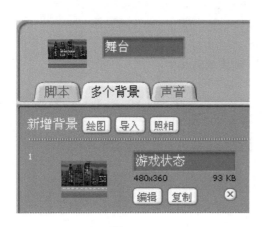

图 12 - 1

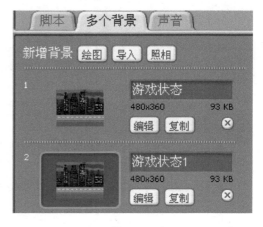

图 12 - 2

单击【编辑】，选择 T，通过调色板 选择你喜欢的颜色，编辑相应文字（见图 12 - 3，为游戏开始（GAME START））。

继续编辑游戏结束（GAME OVER）和通关成功（YOU WIN）两种状态背景文字，分别如图 12 - 4 和图 12 - 5 所示。

最后，每个背景改名为相应名称，如【开始状态】、【结束状态】和【通关成功】，如图 12 - 6 所示。

图 12 - 3

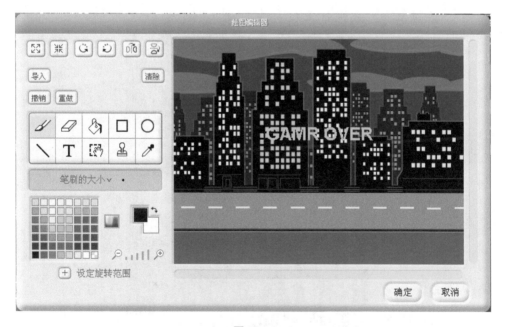

图 12 - 4

3. 编写脚本

下面我们来进行舞台切换编程。

图 12 - 5

图 12 - 6

①开始状态切换程序，如图 12-7 所示。
②结束状态切换程序，如图 12-8 所示。

图 12-7

图 12-8

③通关成功切换程序，如图 12-9 所示。

接下来我们进行游戏角色的编辑。

（1）小猫（人控）

移动程序编辑，左键运动，右键加速，如图 12-10 所示。

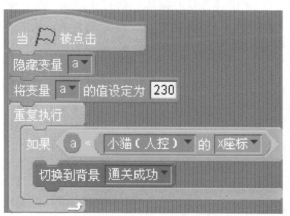

图 12-9

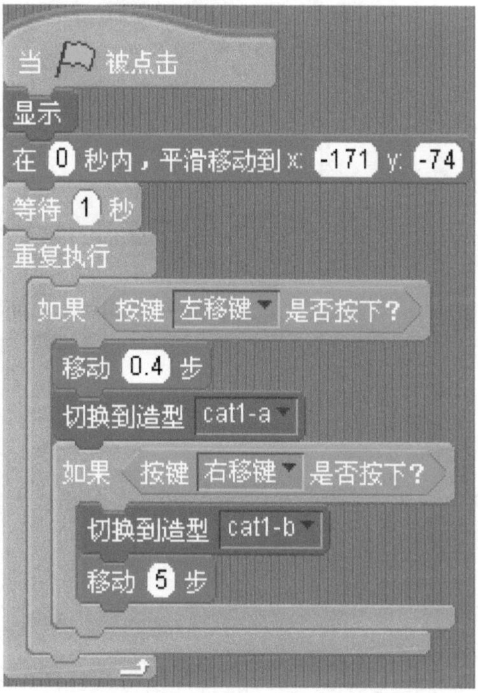

图 12-10

小狗追上小猫后，隐藏，如图 12-11 所示。

（2）小狗（机控）

制作一个电脑自动控制的小狗，如图 12-12 所示。

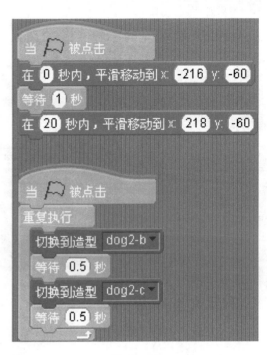

图 12-11　　　　　　　　　　　　　　图 12-12

4. 执行并保存作品

到此，游戏制作接近完成了，我们单击绿旗按钮运行程序，观看作品的效果。

跟我们设计的一样，开始保存作品吧。单击【保存】按钮，在打开的窗口中，输入文件名、作者以及注解。单击【确定】按钮后，保存完成。

任务十三　躲避汽车的猫

前面的任务八中，我们设计了会跳高的猫，这个任务中，我们再来设计一只更顽皮的小猫，它不仅会跳高，而且能躲避汽车。

在这里我们可以学到设计游戏包括背景、角色、控制设置等，其中包含：

（1）猫的造型变换、位置变换、动作条件。

（2）键盘控制角色。

学习目标

● Scratch 传感器控制板中按钮的应用。

● 循环和分支结构的应用。

● 控制、动作、外观、声音、侦测模块的综合应用。

制作目标

● 汽车在马路上行驶，小猫跳高，以避免被汽车撞到。如果撞到，就发出痛苦的信号。

制作步骤

1. 创建一个新的 Scratch 作品

启动 Scratch 程序，系统会自动新建一个新的作品。

2. 为作品添加背景

新的 Scratch 作品创建后，接下来要为舞台挑选一个符合作品风格的背景。单击舞台缩略图，切换到位于脚本区域上方的【多个背景】选项卡，再单击【导入】按钮，进入【outdoors】文件夹，选择【berkeley-mural】文件，单击【确定】完成。如图 13－1 所示。

图 13－1

3. 向作品中添加新的角色

小猫跳高游戏需要两个角色，一只猫和一辆汽车。已经有一只默认的猫，把它移动到背景马路的左侧。我们再添加一辆汽车角色。单击【从文件夹中选择新角色】按钮，进入【transport】文件夹，选择【car-blue】文件后，单击【确定】按钮，将车移动到马路右侧，旋转它的角度，将车头面向小猫。

4. 为作品添加音乐文件

汽车移动时，我们要给它加个声效。单击角色 2 的缩略图，再在脚本区域上方切换到【声音】选项卡，然后单击【导入】按钮，进入【Effects】文件夹，选择【CarPassing】文件，单击【确定】按钮。

5. 编写控制角色的脚本

（1）角色 1——小猫脚本

如果传感器按下按钮，小猫就跳起来，脚本如图 13－2（a）所示。如果小猫被角色 2 汽车撞到，小猫就被撞飞，脚本如图 13-2（b）所示。

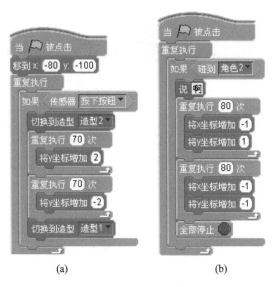

(a)   (b)

图 13-2

（2）角色 2——汽车脚本

小汽车的初始位置在舞台的坐标为（120，－130），并且汽车从右到左重复移动。如果碰到边缘，小车回到初始位置，脚本如图 13-3 所示。

图 13-3

6. 执行并保存作品

作品接近完成了，我们单击绿旗按钮运行程序，用按钮来控制小猫躲避汽车吧。

跟我们设计的一样，开始保存作品吧。单击【保存】按钮，在打开的窗口中，输入文件名、作者以及注解。单击【确定】按钮后，保存完成。

任务十四　按门铃开关

小朋友们，你家有门铃吗？你家或你亲戚朋友是如何按门铃的呢？大家有没有想过，自己来设计一个特殊的门铃和朋友一起玩呢？

● 按键的使用。

● 用按键来当作门铃。按下按键时，门铃会响。

1. 创建新的 Scratch 作品

启动 Scratch 程序，系统会自动新建一个新的作品。

2. 添加舞台背景

我们要为这个作品添加一个符合情景的背景图。单击角色列表中舞台的缩略图，切换到位于脚本区域上方的【多个背景】选项卡，再单击【导入】按钮，导入

【Outdoors】文件夹中的【brick-wall1】文件，然后单击【编辑】按钮，通过绘图编辑器在背景中画一扇门，效果如图 14-1 所示。

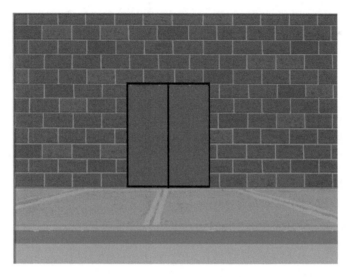

图 14-1

3. 添加删除角色

默认的小猫角色不需要，我们先将它删除。但是需要添加两个角色——一个小人和一个门铃。

添加角色 1——小人：单击【从文件夹中选择新的角色】按钮，从【People】文件夹中选择【boycurly】文件，如图 14-2 所示。

图 14-2

添加角色 2——门铃：单击【绘制新角色】，通过绘图编辑器绘制一个红色的门铃，如图 14 - 3 所示。

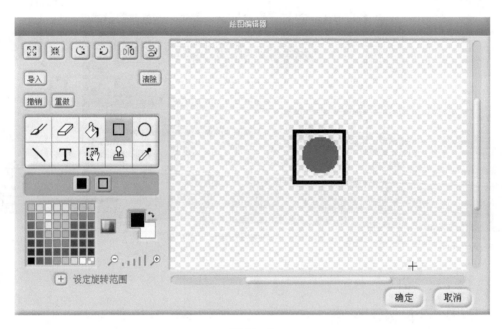

图 14 - 3

4. 编写角色的脚本

编写脚本之前，我们先将门铃移动到门旁边，坐标为（31，18）。

角色 1 人物从左边（-236，-18）位置移动到门铃位置，脚本如图 14 - 4 所示。

角色 2 门铃的脚本如图 14 - 5 所示，程序重复监控传感器按钮是否按下，如果按下，就播放一个声音。

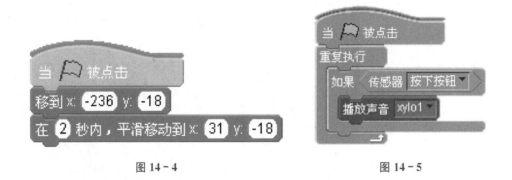

图 14 - 4　　　　　　　　　　　　　　　　图 14 - 5

5. 执行并保存作品

到此，作品接近完成了，我们单击绿旗按钮运行程序，按传感器按钮，观看作品的效果（见图 14 - 6）。

图 14 - 6

课后进阶练习

设计一个密码门，密码输入正确，才能进门。

任务十五　怕光的老鼠

前言

　　老鼠大家都知道吧？老鼠碰到人会有什么反应呢？这一课要学的是：怕光的老鼠。

　　在这里我们可以学到：

　　设计游戏包括背景、角色、控制设置等，其中包含：

　　（1）卧室的造型、环境变换、控制条件；

　　（2）老鼠的造型变换、位置变换、动作条件；

　　（3）光线传感器的应用。

学习目标

● 光线传感器的综合编程及应用。

制作目标

● 设计一个关于狡猾的老鼠的作品，老鼠根据房内光线判断是否出来觅食。

● 天黑时，老鼠从老鼠洞里钻出来，在卧室里到处跑动。

● 天亮时，老鼠立刻从卧室跑回老鼠洞躲起来。

1. 创建新的 Scratch 作品

启动 Scratch 程序，系统会自动新建一个新的作品。

2. 添加舞台背景

我们要为这个作品添加一个符合情景的背景图。单击角色列表中舞台的缩略图，切换到位于脚本区域上方的【多个背景】选项卡，单击【导入】按钮，出现导入背景窗口。既然主题是怕光的老鼠，我们就选择一个卧室的背景吧。进入【indoors】文件夹，选择【bedroom2】，如图 15-1 所示，单击【确定】按钮完成。

图 15-1

这个作品用卧室背景就足够了，我们可以将默认的空白背景 1 删除。

3. 编写背景脚本

卧室的明暗对老鼠的活动会造成影响。太亮的时候，老鼠不敢出来活动。而卧室的明暗，我们可以用 Scratch 传感器板来控制。

Scratch 传感器控制板中有一个光线传感器，利用光线传感器来监控外界的光值，同时关联到作品中卧室的明亮。在【外观】模块中，有亮度模块 将 亮度 特效设定为 0 ，当前卧室的亮度是 0。我们可以将模块中数值分别改变为 -50 和 50，看看卧室亮度如何变化，如图 15-2 和图 15-3 所示。

图 15-2

图 15-3

很明显，数值为负数时，卧室变暗；数值为正数时，卧室变得更亮。为了得到天黑的效果，数值必须为负数。

光线传感器的数值输出为 0～100，这里我们需要做个运算处理，将光线传感器检测到的值减去 100，得到卧室的亮度，这样卧室的亮度就在 −100～0 之间变化。比如当检测到外界的光值为 100 时，卧室的亮度为 0，因为太明亮，老鼠不敢出来活动。当外界光值变为 20 时，卧室的亮度为 −80，卧室变得很暗，我们几乎看不到卧室里的物品，这个时候就适合老鼠出来活动。

首先将【控制】模块中的  拖曳到脚本区域，表示当绿旗按钮被单击后开始执行。

将  模块拖曳到脚本中，如图 15−4 所示。

再给亮度赋值，将减法运算拖曳到  中 0 的位置，如图 15−5 所示。

图 15−4   图 15−5

亮度公式：亮度 ＝ 光线传感器的值 − 90

将【侦测】模块中 ☐ 滑杆▾ 传感器的值 切换为 光线▾ 传感器的值 ，并将其拖曳到减数位置，将被减数设置为 90，如图 15−6 所示。

图 15−6

再添加一个循环模块，以实现改变外界光值时，卧室的亮度也同步变化，如图 15−7 所示。

图 15−7

【想一想】

若不增加 等待 1 秒 模块，会是什么情况？

4. 添加删除角色

怕光的老鼠中我们设计两个角色，一只是活动的老鼠，一只是放哨的老鼠。

默认的小猫角色不需要，我们先将它删除。

我们要添加的角色老鼠在【Animals】文件夹。单击【从文件夹中选择新的角色】，进入【Animals】文件夹选择【Mouse1】，如图 15-8 所示。

图 15-8

单击【确定】按钮后，新的角色老鼠会出现在舞台正中央，如图 15-9 所示。

相对于舞台，这只老鼠显得太巨大，我们先调整它到合适的大小。右击舞台中的角色，从弹出的快捷菜单中选择【调整角色大小】命令，角色旁出现【拖拉改变大小】按钮，通过拖拉此按钮，将老鼠调整到合适大小，如图 15-10 所示。

也可以先单击工具栏的缩小角色按钮，再重复单击舞台中的老鼠，直到调整到合适大小为止，如图 15-11 所示。

添加第二个角色：放哨的老鼠。作品中设计的放哨的老鼠位于老鼠洞内，由于光

图 15 - 9

图 15 - 10

线原因，我们看不见它。它的声音从老鼠洞发出，所以我们用老鼠洞来展现放哨老鼠的内容。

　　软件中没有老鼠洞的图片，在作品中需要自己绘制。

　　单击角色列表上方的【绘制新角色】按钮，在绘图编辑器中利用▣绘制一个实心圆，大小与老鼠相当，如图 15 - 12 所示。

　　单击【确定】按钮后，新的角色出现在舞台正中央。将实心圆拖动到舞台背景右下墙角位置，如图 15 - 13 所示。

图 15 - 11

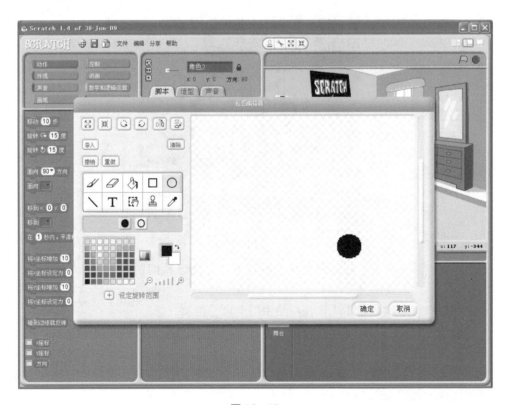

图 15 - 12

图 15 - 13

5. 编写角色的脚本

(1) 老鼠的脚本

①老鼠活动范围的确定。作品中，老鼠的活动范围为卧室的地板，即图中的红色区域，在红色区域移动鼠标，并观察坐标。X 坐标变化范围是－240 到 240，Y 坐标变化是－180 到－40。当天黑时，老鼠在地板区域内随机活动，如图 15－14 所示。

图 15 - 14

②老鼠洞的坐标确定。将鼠标移动到老鼠洞位置，显示的坐标为（211，－61）。老鼠的撤退路线是，不管在任何位置活动，一旦发现天亮即外部光线大于 70 时，立即转向直线跑到老鼠洞里（在这里假设光线传感器检测到光值大于 70 时，为天亮）。当检测到外部光线小于 70，即天黑，老鼠出洞，到卧室活动觅食，程序如图 15－15 所示。

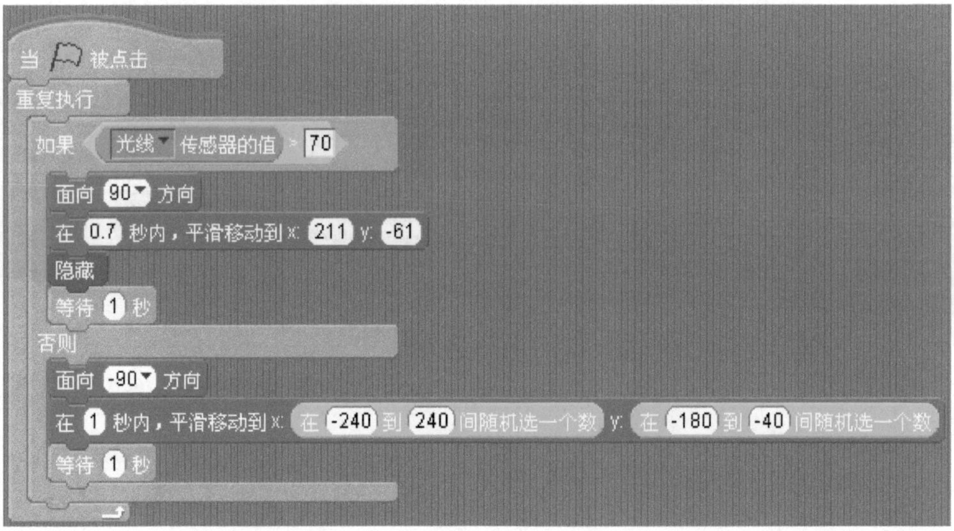

图 15－15

作品中，根据卧室内的光线不同，我们的视线也不同，观察到的老鼠的颜色也随之变化。卧室越暗，我们观察到的老鼠的亮度也越暗。其程序如图 15－16 所示。

图 15－16

（2）隐藏的老鼠的脚本

隐藏的老鼠负责放哨，观察外部亮度，当发现天亮时，就通知在卧室活动的老鼠回家。程序如图 15－17 所示。

6. 执行并保存作品

到此，"怕光的老鼠"接近完成了，我们单击绿旗按钮运行程序，改变环境的光值，观看作品的效果。

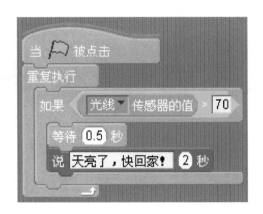

图 15 - 17

　　跟我们设计的一样，开始保存作品吧。单击【保存】按钮，在打开的窗口中，输入文件名、作者以及注解。单击【确定】按钮后，保存完成。

任务十六　会报警的狗

前言

狗被称为"人类最忠实的朋友"，也是饲养率最高的宠物。你喜欢狗吗？你家有养狗吗？当狗碰到陌生人到你家，它会有怎么样的反应？

学习目标

● Scratch 传感器主控器中声音传感器的应用。

制作目标

● 制作一个会报警的狗：小狗看家，若小狗听到有声音时，小狗会发出报警声。

制作步骤

1. 创建新的 Scratch 作品

启动 Scratch 程序，系统会自动新建一个新的作品。

2. 创建角色

首先我们可以在 Scratch 里的新增角色或新增舞台选取自己喜欢的角色或舞台图片，还可以在网上下载然后导入 Scratch 里，本例客厅背景就是从网络上下载的，如

图 16 - 1所示。

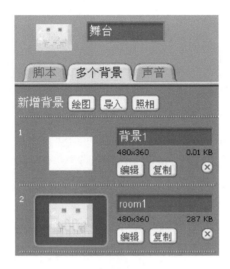

图 16 - 1

然后，我们进行角色的设计。首先狗分为报警和不报警两种状态，所以我们要设计两个造型。狗的角色图片很多，读者根据自己的爱好可以自由选择。这里我们可以在【角色】－【造型】－【导入】路径中找到两个造型，如图 16 - 2 和图 16 - 3 所示。由这两幅造型图就可组成小狗走路的动画了。

图 16 - 2   图 16 - 3

我们还可以选用小狗听到声音后思考的样子（见图 16 - 4）和小狗叫时的图像（见图 16 - 5）。

图 16 - 4   图 16 - 5

图 16-5 需要自己画，实际上我们只需要对图 16-2 进行简单的修改，在绘图编辑器中用橡皮擦工具在嘴巴处擦出一道口子。注意调整画笔的大小哦。

设置好小狗的造型后，导入小狗的声音，在【角色】—【声音】—【导入】路径中找到【Dog1】声音文件。

3. 编写角色脚本

接下来就是对角色的编程了，首先要想好程序的大概流程。

本游戏的大概流程如下：小狗在客厅里来回走动，如果它听到外面的声音比较大，小狗就跑到门前，然后发出汪汪的叫声，如图 16-5 所示。

根据这个思路，编写如图 16-6 所示的脚本程序。这就是一个简单的小狗走路的脚本，实现小狗来回走动。

再加入一个当声音大于 10 的判断语句，目的是判断周围的声音，如图 16-7 所示。

图 16-6

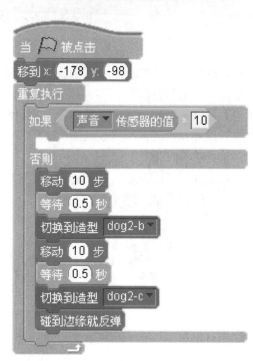

图 16-7

小狗听到比较大的声音后，跑到门前要发出"汪汪"的叫声，脚本如图 16-8 所示。

4. 执行并保存作品

到此，会报警的狗制作接近完成了，我们单击绿旗按钮运行程序，并在靠近 Scratch 传感器主控器的声音传感器旁拍手制造声音，观看作品的效果。

跟我们设计的一样，开始保存作品吧。单击【保存】按钮，在打开的窗口中，输

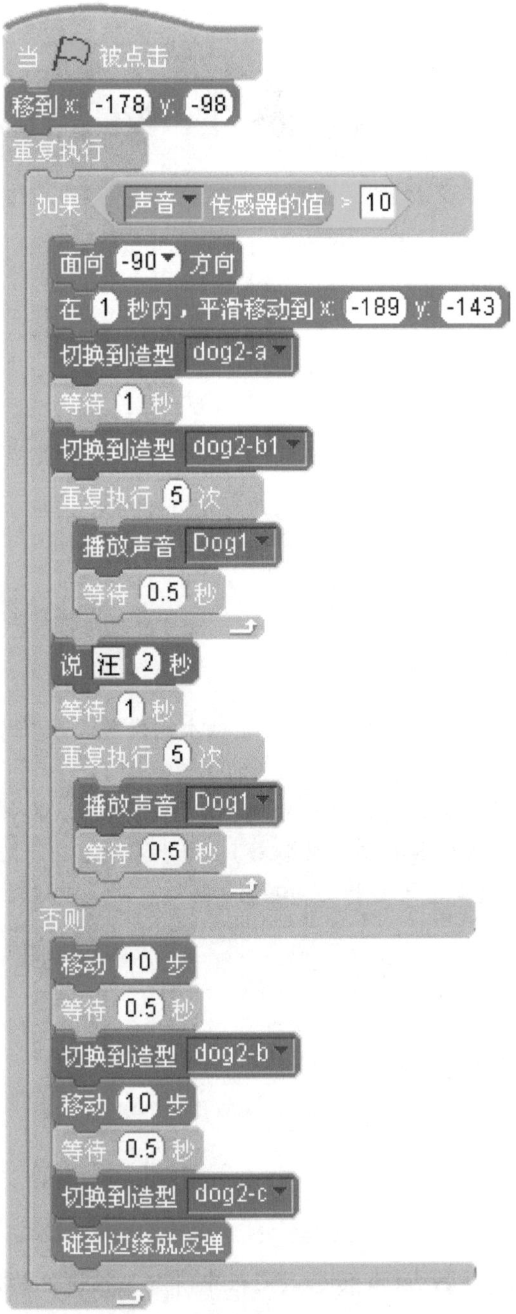

当 ▢ 被点击

移到 x: -178 y: -98

重复执行

如果 声音▼ 传感器的值 > 10

面向 -90▼ 方向

在 1 秒内，平滑移动到 x: -189 y: -143

切换到造型 dog2-a▼

等待 1 秒

切换到造型 dog2-b1▼

重复执行 5 次

播放声音 Dog1▼

等待 0.5 秒

说 汪 2 秒

等待 1 秒

重复执行 5 次

播放声音 Dog1▼

等待 0.5 秒

否则

移动 10 步

等待 0.5 秒

切换到造型 dog2-b▼

移动 10 步

等待 0.5 秒

切换到造型 dog2-c▼

碰到边缘就反弹

图 16-8

入文件名、作者以及注解。单击【确定】按钮后，保存完成。

任务十七　长胖的大叔

人长胖是个比较慢的过程，需要一段时间才能发觉，我们怎么能很快看到人长胖呢？这里我们将用 Scratch 传感器来实现人的快速变胖。

在这里我们可以学到设计游戏包括角色、控制设置等，其中包含：

（1）角色的造型变换（超广角镜头特效）、动作条件；

（2）Scratch 传感器主板中滑杆的应用。

学习目标

● 了解 Scratch 软件程序的顺序结构；

● 控制、动作、外观模块的应用。

制作目标

● 设计一个大叔，用 Scratch 传感器主板中滑杆来控制他的体形变化。

制作步骤

1. 创建新的 Scratch 作品

启动 Scratch 程序，系统会自动新建一个新的作品。

2. 创建角色

我们要创建一个大叔的角色，其素材图片我们从网上下载，如图 17-1 所示。

图 17-1

3. 编写脚本

对大叔角色进行编程。

在外观模块中，将 颜色 特效设定为 0 ，单击【颜色】下拉选择框，选择超广角镜头 将 超广角镜头 特效设定为 0 。超广角镜头的作用是可以局部放大角色的体形，其值不同，改变的比例也不同。我们要让角色随着滑杆的移动而改变大小，所以我们将超广角镜头的特效设定为滑杆传感器的值即可，如图 17-2 所示。

图 17-2

这样一个长胖的大叔就做好了，单击绿旗按钮 来看一下效果吧，最后别忘了保存。

任务十八　钻木取火

前言

钻木取火的发明来源于我国古时的神话传说。燧人氏是传说中发明钻木取火的人。钻木取火是根据摩擦生热的原理产生的。木原料的本身较为粗糙，在摩擦时，摩擦力较大会产生热量，加之木材本身就是易燃物，所以就会生出火来。

在这里我们可以学到：

设计游戏包括背景、角色、控制设置等，其中包含：

（1）角色的造型变换、位置变换、动作条件；

（2）温度传感器的应用。

学习目标

● 了解 Scratch 软件程序的顺序结构；

● 控制、动作、外观模块的应用。

制作目标

● 设计一个钻木取火装置，用温度传感器监控温度，然后钻木生火。

制作步骤

1. 创建新的 Scratch 作品

启动 Scratch 程序，系统会自动新建一个新的作品。

2. 创建角色

①首先，我们要网上下载钻木取火的人物素材，如图 18－1 所示。

图 18－1

②我们需要两个角色，一个随温度的变化而改变，另一个则需要广播来执行，所以我们要创建这两个角色（见图 18－2）。

③接着对角色 3 进行编程，如图 18－3 所示，这样角色 3 就有动的视觉（见图 18－4）。

④接着对角色 1 进行编程。

当 阻力-D▼ 传感器的值 大于 15，即温度大于 15 摄氏度时，角色 1 在造型 1 和造型 3 之间切换，这样看起来似乎在冒火花。

当 阻力-D▼ 传感器的值 大于 19 时，即温度大于 19 摄氏度时，广播燃烧的命令。

上面这两步需要重复判断执行，所以将它们放入 重复执行 模块中，如图 18－5 所示。

图 18 - 2

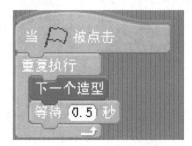

图 18 - 3

图 18 - 4

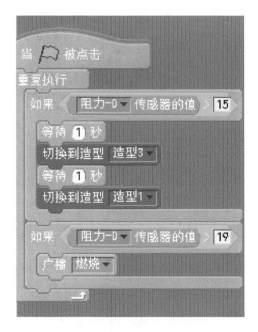

图 18-5

⑤紧接着对角色 2 进行编程，如图 18-6 所示。当单击绿旗时切换到造型 1，如图 18-7 所示。当接受到燃烧的命令时，切换到造型 2，如图 18-8 所示。

图 18-6   图 18-7   图 18-8

⑥这样钻木取火就做好了。单击 来看一下效果吧。做好后别忘了保存。

任务十九 赛车控制

赛车游戏通常意义上都是模拟驾驶的游戏，玩家在享受风驰电掣的同时，也不用去承担真实飙车的一切后果，这仅限在游戏中。在现实中，还是遵守交通法规好。随着现在电脑技术的硬件和软件的越来越强大，赛车游戏的制作越来越趋于真实化和环境的逼真感觉。用 Scratch 软件，我们可以制作自己的赛车游戏。

学习目标

设计游戏包括背景、角色、控制设置等，其中包含：
● 赛车的造型、环境变换、控制条件。
● 赛车的位置变换、动作条件。
● 加速度传感器、滑杆的应用。

制作目标

● 通过加速度传感器左右倾斜来控制车的方向，滑杆控制油门。

制作步骤

1. 创建新的 Scratch 作品

启动 Scratch 程序，系统会自动新建一个新的作品。

2. 添加舞台背景

我们要为这个作品添加一个符合情景的背景图。单击角色列表中舞台的缩略图，再切换到位于脚本区域上方的【多个背景】选项卡，单击【导入】按钮，导入如图 19-1 所示的背景窗口。

图 19-1

3. 添加删除角色

这里我们需要添加汽车的角色，从网络上下载几个汽车的图片，如图 19-2 所示。其中角色 2、角色 3、角色 4 为障碍车，这三个角色每个都有两个造型，是为了让人觉得有很多车。

4. 编写角色的脚本

赛车的控制是由加速度传感器来控制的。我们先将加速度传感器接入硬件板的 D 端口上，找到侦测模块中的 滑杆▼ 传感器的值 模块，右击该图标，选择"显示 ScratchBoard 监视器"选项，如图 19-3 所示，传感器监视器的值如图 19-4 所示。

再右击该图，选择"选择序列号或 USB 接口"选项，具体见设备操作手册。

大家将传感器水平放置，可以看到 D 端口的数据为 49；当向右倾斜时，数字会增加；当倾斜到竖直状态时，数值最大增加到 59 左右。而当向左倾斜时，数值会减少；当倾斜到竖直状态时，数值最大减少到 39 左右。

显然这样的数值不能直接使用，需要将其转化为我们需要的数值。比如说控制赛车的左右移动，赛车的左右移动是通过 X 坐标的增加和减少来控制的，所以我们需要使用 49 · 阻力-0▼ 传感器的值 来实现转化。

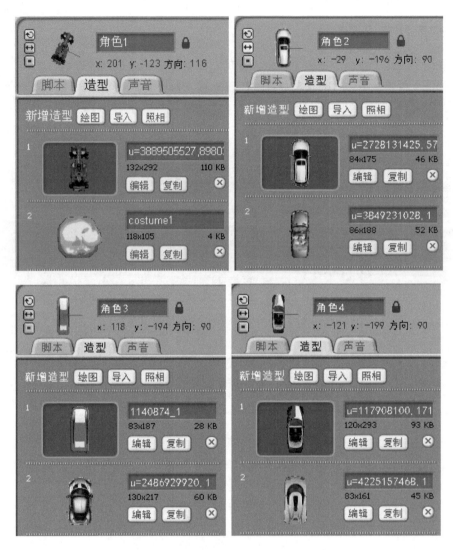

图 19 - 2

图 19 - 3

我们可以来分析一下其功能，当向右倾斜时，传感器的值将比 49 小，所以得到的数值将大于 0，且越向右倾斜所得到的数值越大，这样赛车向右移动得就越快。

我们还需要实现赛车的车头能左右转弯。先将赛车摆放好；有时候，从其他地方找来的赛车图片的方向不对。

①移动控制程序，即加速度与滑杆控制，如图 19 - 5 所示。

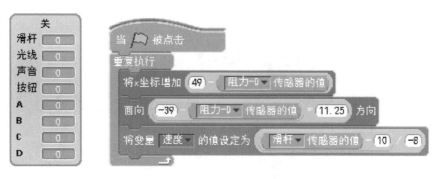

图 19 - 4   图 19 - 5

②角色的初始化程序如图 19 - 6 所示。

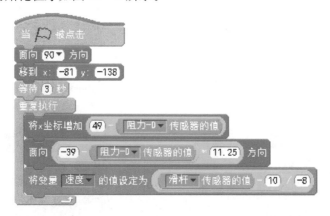

图 19 - 6

③障碍车（角色 2）的脚本如图 19 - 7 所示。当障碍车到达下边缘时，要返回到上边缘，纵坐标在-50 到 40 之间的某一点出现，等待 1 到 3 秒是为了不使障碍车同时出现。

当赛车的速度较慢时，障碍车相对于赛车来说是向前运动。当到达上边缘时隐藏，等到"速度"小于 0 时再回到 y 坐标为 185 的位置并发出 go 的指令。脚本如图 19 - 8 所示。

初始化的脚本如图 19 - 9 所示。

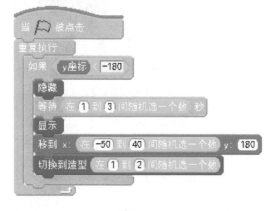

图 19 - 7   图 19 - 8

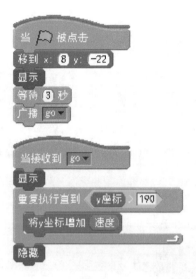

图 19 - 9

④与角色 2 障碍车的脚本类似，障碍车（角色 3）的脚本如图 19 - 10 所示。

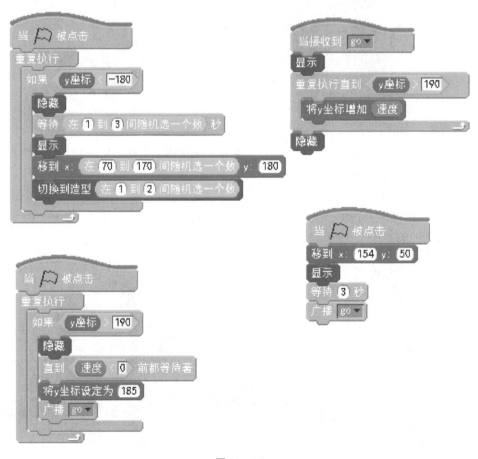

图 19 - 10

⑤与前面角色2和角色3类似，障碍车（角色4）的脚本如图19-11所示。

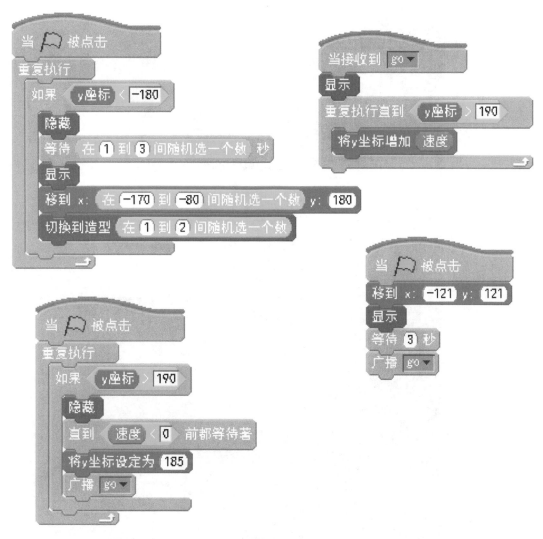

图 19-11

⑥赛车的脚本如图19-12所示。

游戏开始时，赛车面前方，从（-81，-138）位置出发，用加速度传感器控制车的左右移动的位置，滑杆控制车的加速减速。当赛车碰到障碍车时，赛车位置因碰撞发生停顿和偏移，用加速度传感器调整赛车位置，偏离障碍车后继续前进。当赛车冲进绿化带时，赛车切换到爆炸造型，游戏结束。

5. 执行并保存作品

到此，"赛车"接近完成了，我们单击绿旗按钮运行程序，开启你的赛车之旅吧。

当 ▷ 被点击
面向 90 ▼ 方向
移到 x: -81 y: -138
等待 3 秒
重复执行
　将x坐标增加 49 - 阻力-D ▼ 传感器的值
　面向 -39 - 阻力-D ▼ 传感器的值 * 11.25 方向
　将变量 速度 ▼ 的值设定为 滑杆 ▼ 传感器的值 - 10 / -8
　如果 碰到 角色4 ▼
　　如果 x坐标 > 角色4 ▼ 的 x坐标 ▼
　　　将x坐标增加 10
　　　将变量 速度 ▼ 的值设定为 滑杆 ▼ 传感器的值 - 70 / -8
　　　如果 滑杆 ▼ 传感器的值 > 80
　　　　将变量 速度 ▼ 的值设定为 滑杆 ▼ 传感器的值 - 130 / -8
　　　　广播 停止 ▼
　　　　重复执行 72 次
　　　　　旋转 ↻ 5 度
　　　　　将x坐标增加 2
　　　　广播 开始 ▼
　　否则
　　　将x坐标增加 -10
　　　将变量 速度 ▼ 的值设定为 滑杆 ▼ 传感器的值 - 70 / -8
　　　如果 滑杆 ▼ 传感器的值 > 80
　　　　将变量 速度 ▼ 的值设定为 滑杆 ▼ 传感器的值 - 130 / -8
　　　　广播 停止 ▼
　　　　重复执行 72 次
　　　　　旋转 ↺ 5 度
　　　　　将x坐标增加 -2
　　　　广播 开始 ▼
　重复执行直到 速度 < 滑杆 ▼ 传感器的值 - 10 / -8

图 19 - 12

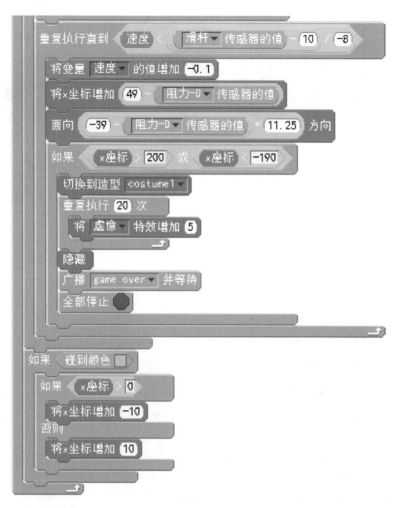

图 19 - 12（续）

任务二十　水冷得更快

前言

小朋友们，你喜欢喝开水或热的饮料吗？大家有没有想过，自己来设计一个降温的游戏和朋友一起玩吗？设计出一种降温方式，和小朋友们比一比谁的开水冷得最快？

学习目标

● 角色的造型变换、位置变换、动作条件；
● 温度传感器的应用。

制作目标

● 设计一个温度计，监控水的温度，当达到最低值时，报警提示检测完成。

制作步骤

1. 创建新的 Scratch 作品

启动 Scratch 程序，系统会自动新建一个新的作品。

2. 添加舞台背景

我们要为这个作品添加一个符合情景的背景图。单击角色列表中舞台的缩略图，

切换到位于脚本区域上方的【多个背景】选项卡，单击【导入】按钮，导入如图 20-1 所示的背景窗口。

图 20-1

3. 添加角色

本案例需要添加 3 个角色：角色 1——温度计；角色 2——红画笔；角色 3——白画笔，如图 20-2 所示。这里，温度计需要自己画，大家可以画出个性化的温度计。需要注意的是，角色 2、角色 3 的宽度应和角色 1 的宽度一致。

图 20-2

4. 编写角色的脚本

（1）对角色 1 进行编程

当检测到 阻力-0 传感器的值 小于 20，即温度小于 20 摄氏度时，说"水凉了"，脚本如图 20-3 所示。

（2）对角色 2 进行编程

角色 2 是负责从温度计的"水银球"里画一条红色画笔，如图 20-4 所示。

所以，需要将角色 2 移动到"水银球"里。角色 2 的 y 坐标随着温度的升高而增加，即角色 2 向上移动。因为角色 2 的 y 的初始坐标为－46，所以应将阻力－D 传感器的值加上－46，如图 20-5 所示。

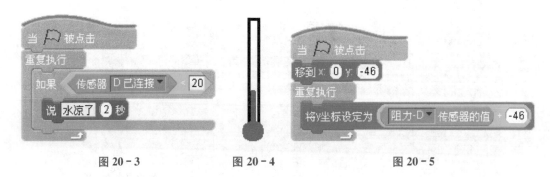

图 20-3   图 20-4   图 20-5

加入并设定画笔模块，将画笔大小和温度计的宽度设定为一致 （将画笔的大小设定为 6 ），如图 20-6 所示。设定好之后即可开始落笔了，即可以开始画了。

大家可以运行程序，试一下效果。是不是出现了一些问题呢？

其实，这里应该还要加入 隐藏 和 清除所有画笔 两个模块。"隐藏"是因为不需要看到角色本身，"清除所有画笔"是为了清除上一次运行留下的画笔，如图 20-7 所示。

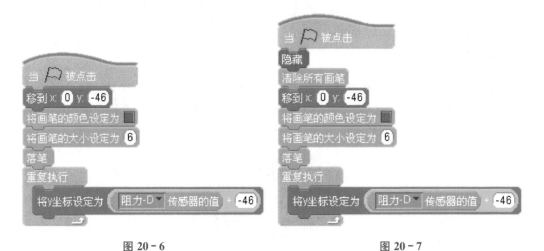

图 20-6   图 20-7

（3）对角色 3 进行编程

大家是否注意到当温度下降时，红色的画笔并没有随着下降，这是因为当角色 2 向下移动时留在角色 2 上面的画笔并没有被擦掉，所以我们需要创建一个负责擦掉画笔的角色。

根据上面的分析，角色 3 应该在温度计的顶端和角色 2 之间来回画出一条白色的线条。在这里要注意，温度计顶端的坐标为（0，54），初步的程序如图20-8所示。

和角色2一样，角色3的脚本也需要加入 隐藏 ，如图20-9所示。

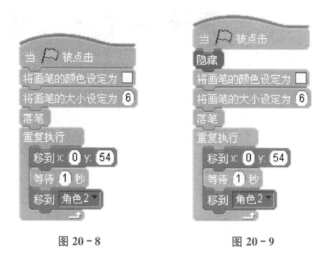

图 20-8   图 20-9

【想一想】
加入 等待 1 秒 有什么用？

5. 执行并保存作品

到此，作品接近完成了，我们单击绿旗按钮运行程序，观看作品的效果。

跟我们设计的一样，开始保存作品吧。单击【保存】按钮，在打开的窗口中，输入文件名、作者以及注解。单击【确定】按钮后，保存完成。

任务二十一 智能窗帘

大家家里都有窗帘吧？什么情况下你会拉开窗帘或者关闭窗帘呢？这一课要学的是：智能窗帘——窗帘能根据外界环境自动拉开或关闭。

- 窗户的造型、环境变换、控制条件。
- 窗帘的造型变换、位置变换、动作条件。
- 光线传感器的应用。

- 太阳光线照射进房子，太亮时，关闭窗帘。
- 当房内光线太暗时，打开窗帘。
- 当光线合适时，半开窗帘。

1. 创建新的 Scratch 作品

启动 Scratch 程序，系统会自动新建一个新的作品。

2. 添加舞台背景

我们要为这个作品添加一个符合情景的背景图。单击角色列表中舞台的缩略图，切换到位于脚本区域上方的【多个背景】选项卡，单击【导入】按钮，导入如图 21-1 所示的背景窗口。

图 21-1

3. 添加删除角色

在背景文件夹中图库选择如图 21-2 所示的窗帘图片文件。

图 21-2

　　这个图片背景是一块黑板，我们可以把图 21-1 的图片嵌入黑板，作为窗外的景色，如图 21-3（a）所示。窗帘的状态有打开、半开、关闭三种状态，如图 21-3 所示。这三种状态我们通过添加或者关闭窗帘布来设计脚本，所以，需要创建三块窗帘布的角色和一个背景墙的角色。

(a)　打开窗帘

(b)　半开窗帘

(c)　关闭窗帘

图 21-3

　　制作窗帘布角色的办法是，用绘图工具将图 21-2 中的某块窗帘复制三个，如图 21-4 所示，作为三块窗帘的角色。其中，墙的角色放大效果如图 21-3（a）所示。关于绘图的步骤这里不再详细说明。

图 21 - 4

4. 编写角色的脚本

(1) 墙的脚本

在这个作品中，我们用墙这个角色来广播命令，窗帘接受命令。

室内光值小于 60 时，太暗，广播开窗帘的命令；光值在 62～80 之间时，明暗适中，广播窗帘半开的命令；光值大于 82 时，广播关窗帘的命令。脚本如图 21 - 5 所示。

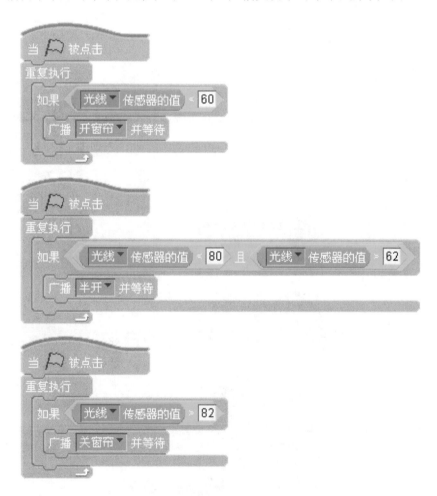

图 21 - 5

提示：这个程序使用了广播的命令，它的好处是，可以通过一次判断后，发出指令让其他多个角色执行相应的命令。

（2）窗帘 1 的脚本（见图 21 - 6）

（3）窗帘 2 的脚本（见图 21 - 7）

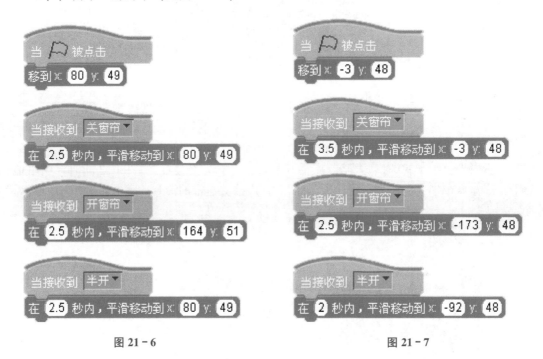

图 21 - 6   图 21 - 7

（4）窗帘 3 的脚本（见图 21 - 8）

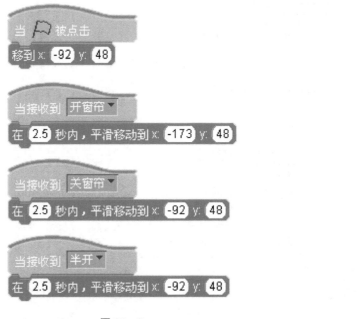

图 21 - 8

这里我们是怎样确定脚本中各个角色的位置坐标的呢？

其实，我们的办法是，把各个窗帘角色摆放到如图21-3所示的三种状态位置，然后在如图21-3所示的位置可以看到其坐标值。

5. 执行并保存作品

到此，作品接近完成了，我们单击绿旗按钮运行程序，改变光值，观看作品中窗帘的效果。

跟我们设计的一样，开始保存作品吧。单击【保存】按钮，在打开的窗口中，输入文件名、作者以及注解。单击【确定】按钮后，保存完成。

任务二十二   声音能量条

小朋友们，你知道声音的强弱怎么去衡量吗？大家有没有想过，自己来设计一个监控声音的游戏和小朋友一起玩吗？

- 画笔的使用。
- 声音传感器的应用。
- 了解 Scratch 软件程序的顺序结构。
- 控制、动作、外观模块的应用。

- 制作一个声音检测器，用能量条来衡量声音的大小。

1. 创建新的 Scratch 作品

启动 Scratch 程序，系统会自动新建一个新的作品。

2. 创建角色

首先，我们要网上下载声音能量条的人物素材角色1：机器人。同时，我们需要两个画笔：角色2和角色3，角色2的作用是不断随声音改变颜色，角色3的作用是去消除颜色。如图22-1所示。

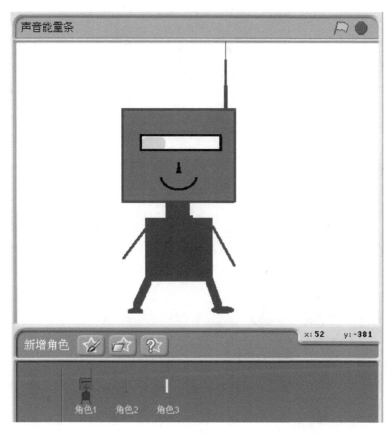

图 22-1

3. 角色编程

首先对机器人编程（见图22-2）。机器人移动到舞台靠近中央位置，说"我是声音检测机器人"，检测周围声音，如果声音大于50，发出警告，如果声音小于30，说"好安静"。

接着我们对两个画笔进行编程。

（1）角色2编程

移动角色2到如图22-2所示的位置，调整画笔的颜色和大小，这里画笔的大小应和机器人的眼眶的宽度一致。

因为角色2的初始X坐标为—51，要使它随着音量的增加而向右边移动，这里需要把音量的值加上—65。脚本如图22-3所示。

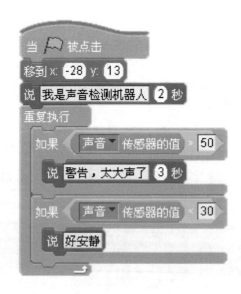

图 22-2

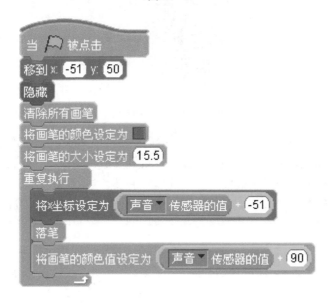

图 22-3

这里脚本加入"清除所有画笔"模块是为了初始化。

【想一想】

将自身"隐藏",为什么?

角色 3 我们要让它随着声音增大改变颜色,效果如图 22-4 所示。

将图 22－3 中  的值 90 改为其他数字，看看会有什么变化呢？

好安静

警告，太大声了

图 22－4

（2）角色 3 编程

接着我们要让角色 3 清除颜色。

同角色 2 的脚本差不多，也需要进行隐藏和清除所有画笔。因为要清除角色 2 的画笔留下的痕迹，故将角色 3 的画笔的颜色设为白色，其大小和角色 2 的一致。

再加入 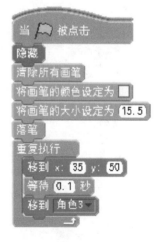 这一程序块，并且将角色 3 重复在机器人的显示器的最右边和角色 2 之间移动。角色 3 的脚本如图 22－5 所示。

这样一个声音能量条就做好了，单击 来看一下效果吧，最后别忘了保存 。

图 22－5

任务二十三　听听光的声音

前言

小朋友们，你听说过光是有声音的吗？用耳朵能听到光的声音吗？大家有没有想过，自己来设计一个游戏来听听光的声音吗？

学习目标

- 弹奏音符。
- 光线传感器的应用。

制作目标

- 根据检测到的光值不同，电脑发出的声音也不同。

制作步骤

1. 创建新的 Scratch 作品

启动 Scratch 程序，系统会自动新建一个新的作品。

2. 添加舞台背景

我们要为这个作品添加一个符合情景的背景图。单击角色列表中舞台的缩略图，

切换到位于脚本区域上方的【多个背景】选项卡，单击【导入】按钮，导入如图 23-1
所示的背景窗口。

图 23-1

3. 编写背景脚本

程序设定播放背景音乐，光值大于 50 时，播放 Medieval1 声音文件；光值小于 50
时，则播放 Medieval2 声音文件。背景脚本如图 23-2 所示。

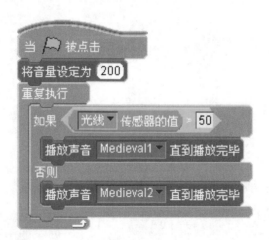

图 23-2

4. 添加删除角色

这个游戏，我们的角色没有针对性，所以，任意选择一个你喜欢的角色。比如我
们选择如图 23-3 所示的角色图片。

5. 编写角色的脚本

程序部分，我们先选定一种乐器，如乐器 1（即钢琴）。

光值的范围是 0～100。为了方便控制光值，不同的值依次对应不同的音符。我们选择 30～80 的光值段依次对应 48～65 段的音符。由于分段较多，我们将程序分割为两段并列程序，方便察看，如图 23−4 和图 23−5 所示。

【想一想】

　　为什么音符数字不是连续的？有间隔 2，还有间隔 1？

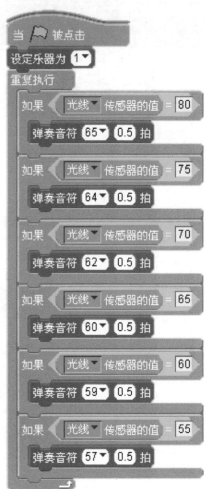

图 23−3　　　　　　　　　　图 23−4　　　　　　　　　　图 23−5

6. 执行并保存作品

到此，作品接近完成了，我们单击绿旗按钮运行程序，改变光值，观看作品的效果。

跟我们设计的一样，开始保存作品吧。单击【保存】按钮，在打开的窗口中，输入文件名、作者以及注解。单击【确定】按钮后，保存完成。

课后进阶练习

1. 作品中的声音容易出现断断续续的现象，如何优化程序，使声音根据光值的连续变化而连续改变？

2. 设计一个程序，改变光值，弹奏一曲你喜欢的音乐。

喜 讯

　　"创新是一个民族进步的灵魂，是一个国家兴旺发达的不竭动力"，积极关注青年人创新思维和创新能力的培养，本社特别推出"学生创新能力培养实战系列丛书"。

本套丛书主要特色：

　　为读者设置趣味性的阅读和学习环境，诱导性地引领读者动手实践，循序渐进地拓展读者的思维，潜移默化地培养读者创新能力。

本套丛书书目：

- Scratch 趣味编程

- 趣味机器人(基于乐高)

- 趣味电子产品制作（基于电子及单片机技术）

- 趣味人偶制作（基于机械及执行机构设计）

- 趣味物理实验（基于数据处理系统）

- 趣味化学实验（基于数据处理系统）

- 趣味生物实验（基于数据处理系统）

- 趣味手机游戏制作（基于图形编程语言）

"学生创新能力培养实战系列丛书"编委会联系方式：
朱怀永　电子工业出版社　　　　　　010－88254608　　zhy@phei.com.cn
仲照东　深圳奥特森科技有限公司　0755-86147342　　szzhdong@126.com